U0256294

彩图版

无公害葡萄
病虫害诊治手册

WUGONGHAI PUTAO BINGCHONGHAI
ZHENZHI SHOUCE (CAITUBAN)

第 2 版

袁章虎　主编

中国农业出版社

第2版编写人员

主　编　袁章虎
副主编　孙　茜　浑之英　戴东权　张凤国
编　委　胡新锁　李海燕　李铁全　李瑞臣
　　　　杨　峰　徐加利

第1版编写人员

主　编　袁章虎
副主编　孙　茜　浑之英　戴东权　张凤国
编　委　啜慧娥　胡新锁　黄　琏　金立平
　　　　李海燕　李铁全　李瑞臣　刘新图
　　　　杨　峰　曾　毅

目录

第一章
葡萄主要病虫害诊断与防治

一、葡萄霜霉病（Grape downy mildew）

【症状】 葡萄霜霉病主要为害叶片，严重时也为害花穗、果实和卷须。叶片染病初期叶面出现淡黄色多角型病斑、一般情况下病斑背面产生一层白色霉状物（病菌孢子囊）。新梢、卷须等发病后，初呈半透明水渍状斑点，后很快变成黄褐色凹陷状病斑。潮湿时病部也产生白色霜霉状霉层，最后生长停止，甚至枯死。

果梗受害变黑褐色坏死，极易引起果粒脱落，潮湿时果梗上也产生白色霉状物。果粒在豌豆粒大小时最容易得病，病部呈淡褐色软腐，容易脱落，湿度大时表面密生白色霉状物。果实稍大时染病，果粒停止生长，表面皱缩成皮革状，褐色软腐，容易脱落。

霜霉病叶片正面症状

霜霉病叶片背面症状

霜霉病侵染花序

霜霉病侵染幼果

霜霉病侵染幼果和穗轴

侵染果梗造成果粒近果梗处失水干瘪

霜霉病与毛毡病混合发生

霜霉病治愈后的叶片背面

【病原】 属于鞭毛菌亚门，卵菌纲，单轴霉属 *Plasmopara viticola*（Berk et Curt）Berl et de Toni.。

【发病规律】 病原菌以休眠的卵孢子随病残组织（主要以病叶为主，有时也在病果或病枝条上）在土壤里越冬，可以存活1～2年。卵孢子在病叶中以叶脉附近的海绵组织中形成最多，每平方毫米组织中有500个以上的卵孢子。春季开花前2～3周，大约相当于葡萄枝条5～6叶刚刚展开时，孢子开始萌发。当温度超过10℃时，遇到降雨将产生活性孢子，引起初次侵染。病菌孢子反复不断地侵染，造成病害的流行。分生孢子的产生只有在湿度超过90％的夜间进行。在最适合的温度条件下，病菌大约只需要3小时就可以侵染到植物体内，病害经过一个循环仅仅需要4天。

幼果期为害造成幼果和小穗轴干枯

葡萄霜霉病的孢子囊随风雨传播的距离很短，一般在几百米范围之内。远距离的传播或在从未种植过葡萄的地区，主要靠葡萄种苗携带病菌传播。幼苗的根系以及根系上附带的土壤中，或幼苗的芽内都有可能携带病菌的卵孢子或厚垣孢子远距离传播。

春季霜霉病的发生程度虽然不是很严重，但对整个生长季节的病害流行起着决定性的作用，也是霜霉病防治的关键时期。研究表明，当春季日平均气温超过10℃，一次降雨达到10毫米或浇水，越冬的卵孢子只要经过一个昼夜就可以完成初侵染（10℃—10毫米—24小时）。

降雨量以及降雨天数是影响葡萄霜霉病发生流行的重要因素。

降雨量越大，降雨天数越多，霜霉病的发生就会越严重。据研究，每年的6～9月份连续2旬的降雨量之和超过100毫米，霜霉病将随之大流行。根据澳大利亚的研究，在环境条件适合的情况下，在一个葡萄园内如果已经有20～50个病斑，经过一个夜间后病害可以迅速扩展到10万个病斑，病害发展速度非常惊人。

近几年春季霜霉病对幼果的为害有逐渐加重的趋势，已经成为生产中出现的一个新问题。据研究，幼果在豌豆粒大小时是对霜霉病最敏感的时期，一般花后15天左右果粒对霜霉病的抗性显著增强，个别品种甚至表现出对霜霉病免疫。主穗轴对霜霉病的抗性与果粒相似，也是在花后半月抗性大大提高。但果梗却在开花后很长时间内一直保持对霜霉病的敏感性，容易感病，而果梗染病经常导致幼果脱落或失水干枯。

病菌的侵染喜欢相对低温潮湿的环境。因此，病菌在夜间比在白天更容易侵染。组织中含钙量高的品种，抗病力强。一般老叶片的钙/钾比例高，因而抗病，而嫩叶的比例低则易感病。美洲种葡萄抗病性强，欧亚种葡萄抗病性弱。

【防治关键时期】

（1）花期前后　花期前后是越冬病原菌春季进行初侵染时期，此时喷药防治可以大大压低果园中的菌源基数，延迟整个生长季节的病情进程，为后期霜霉病的防治打下一个坚实的基础，是一年中最重要的防治时期。对于病害发生严重的地区，最好花前和花后各喷一次内吸治疗性药剂，如金雷、阿米西达、杀毒矾、霜脲锰锌等。病害发生轻的地区可以选择在花后喷一次药。此外，如果春季遇到降雨，特别是遇到大于10毫米的降雨，雨后（不超过24小时）一定及时喷药。因为雨后果园内的病菌会大量萌发，借助葡萄植株体表的水滴或水膜病菌会迅速侵染植株。

（2）夏末秋初　在我国北方地区7～8月份虽然降雨量大，有利于病害发生，但夏季的高温又同时会抑制霜霉病的发展。霜霉病真正暴发流行经常是在秋季的8月下旬至9月份。此时气温逐渐凉爽，昼夜温差加大，夜间叶片上结露的时间加长，非常有利于霜霉病的发生。一般年份是在8月下旬之前必须要连续喷施2次内吸治疗性药剂，在霜霉病的发病适宜天气条件到来之前，压低田间菌源。具体情况要根据当年的降雨和温度决定，8月份降雨日数多，温度偏低，喷药要提前进行，相反，可以延后喷药时间。

防治方法

（1）果园管理　及时摘心、绑蔓和中耕除草，提高结果部位，及时剪除下部叶片和新梢。冬季修剪后彻底清除病枝、叶、果等病残体，减少越冬菌源。

（2）药剂防治　除花期前后和夏末秋初两个关键防治时期要重点喷药以外，在生长季节的大部分时间里都要按10～15天的间隔期定期喷药预防。预防的药剂有波尔多液（1：0.7：200）、70%代森锰锌500倍液、75%达科宁600倍液、68%金雷600～800倍液、25%阿米西达2 000～3 000倍液、易保1 000倍液、百泰1 500倍液等，每间隔10～15天喷药1次。以上药剂可以交替喷施。当病害发生以后可以喷施的治疗性药剂有68%金雷600倍液、25%阿米西达1 500倍液、72%霜脲锰锌600倍液、64%杀毒矾600倍液等。此外，对霜霉病治疗效果好的药剂还有瑞凡、霉多克、安克锰锌、氟吗锰锌、抑快净等。每次喷药间隔不超过7天，连续喷2～3次。当控制病害以后再恢复到10～15天喷药1次。

二、葡萄白腐病（Grape white rot）

【症状】　主要为害果实和穗轴，也可以为害叶片和枝蔓。靠近地面的果穗容易发病，受害果穗一般先在果梗或穗轴上形成浅褐色水渍状病斑，逐渐扩大并蔓延到果粒上，导致果粒腐烂，病果表皮下密生灰白色小粒点，即病菌分生孢子器。前期染病腐烂的果实容易干枯失水，挂在枝条上不落；后期腐烂的果实不易干枯，很容易脱落。

枝蔓染病多发生在摘心或其他农事操作造成的机械伤口处。病斑初呈淡黄色水渍状，边缘深褐色，纵向扩展很快。后期病斑变成暗褐色凹陷，表面密生灰白色小粒点，表皮纵裂，韧皮部和木质部分离，撕裂呈乱麻状，病部下端的病健交界处常变粗呈瘤状。

叶片染病，多在叶缘或叶片尖端开始，病斑边缘水渍状，淡褐色，逐渐向叶片中部扩展，病斑有不明显的同心轮纹，天气潮湿时叶脉附近形成白色小点，后期病斑干枯易穿孔。

白腐病为害果穗（果　　　白腐病为害枝条　　　白腐病为害树干
穗顶端先发病）

【病原】 *Coniella diplodiella*（Speg.）Petrak & Sydows属半知菌亚门，葡萄白腐垫壳孢属。有性阶段为*Charrinia diplodiella*（Speg.）Viala . et Rava 属子囊菌亚门，在我国尚未发现其有性世代。

【发病规律】 病菌以菌丝体或分生孢子器随病残体在土壤中越冬。在自然条件下，病菌可以在土壤中残留的病枝、病果等病

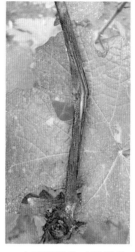

白腐病枝条（病部已长
出灰白色分生孢子器）

白腐病枝条（病部表
皮呈乱麻状）

冰雹造成的伤口很容
易感染白腐病

葡萄白腐病

葡萄白腐病果实

残体中存活4～5年。干燥条件下病菌的分生孢子器可以存活15年后仍然能够释放出有侵染能力的分生孢子。越冬的病菌随病残体主要存于土壤的表土5厘米范围之内，越向下分布量越少。在一般已经进入生产期的葡萄果园中，每克表层土壤中含有的病菌分生孢子数量可以达到300～2 000个。

　　土壤中的越冬病菌从春季的5月份一直到8月下旬可以不断地形成分生孢子，侵染葡萄（都是初侵染），这些分生孢子主要通过雨水溅落、风吹带菌的土壤颗粒，以及农事操作在田间传播。白腐病菌不能直接穿透侵染果实和新梢的表皮组织，只能够通过伤口侵染，但可以直接侵染果梗和穗轴。因此，果实的发病多是因为冰雹或其他原因造成的伤口，或从果梗穗轴处蔓延到果实上。叶片被害多是从边缘的水孔、蜜腺等处侵入。水分和营养物质是分生孢子萌发侵入的必要条件，据研究分生孢子在蒸馏水中不能萌发，在0.2%的葡萄糖溶液中萌发率也不高，但在葡萄汁液中萌发率可以达到93.2%，在葡萄穗梗的浸提液中萌发率最高。在田间研究中发现，在葡萄果实和其他组织的伤口渗出的营养物质的水滴中，分生孢子几个小时就可以顺利萌发并侵染。

　　华北地区一般于6月中下旬，华东地区一般在6月上旬，东北地区一般在7月份开始发病。发病盛期一般都是在采收前的雨季。发病后病斑产生的分生孢子随风雨传播，形成再侵染。

　　气候条件是决定白腐病发生轻重的主要因素，一般高温高湿是适宜白腐病发生的有利条件。病害在24～27℃时发病最快，15℃以下发病缓慢，高于34℃时病害受到抑制。多雨年份白腐病发生严重，特别是在发病季节遇到暴风雨、冰雹等造成果穗及果实上大量伤口或发生裂果，极易造成白腐病的大流行。

　　栽培条件也是影响白腐病发生的重要因素。如篱架比棚架发病重，双篱架比单篱架发病重，东西架比南北架发病重。另外，果园积水、杂草丛生、氮肥过多、钙钾肥不足等都容易发生白腐病。果穗距离地面的高度也是影响白腐病发生的重要因素之一，越是接近地面，果穗越容易发病。据调查，80%的病穗发生在距离地面40厘米的部位，其中60%集中在20厘米以下的部位。这是因为白腐病的初侵染菌源来自葡萄架下的土壤里面，雨水和其他途径很容易把病菌传播到近地面的果穗上。

【防治关键时期】

（1）春季防治　白腐病发生早晚和5～6月份的降雨早晚及降雨量有直接关系。因此，在春季的病害防治上应该要重点在每次降雨后（5毫米以上）及时喷1次内吸治疗性杀菌剂，如10%世高水分散粒剂2 000倍液，以铲除萌发的初侵染菌源。以后可以按一定间隔期喷施保护性杀菌剂（如达科宁、代森锰锌等），同时预防多种病害。

（2）夏季防治　夏季白腐病的喷药防治，也应该重点参考降雨情况而定，特别是暴风雨和冰雹。在历年白腐病发生严重的果园，要在每次降雨后及时喷内吸治疗性药剂，以消灭刚刚侵染和已经萌发但尚未侵染的病菌。夏季白腐病侵染后的潜伏期一般为5～6天。因此，喷药防治必须要在潜育期结束之前进行完毕，而且越早越好。

防治方法

（1）加强栽培管理　及时清除病枝、病果，减少病菌基数；提高结果部位，尽量使果穗位置在50厘米以上，减少土壤中病菌侵染机会；及时摘心、绑蔓、中耕除草，雨后及时排水，降低田间湿度。落花后及时套袋，减少病菌侵染机会。

（2）架下铺地膜　落花后在葡萄架下铺地膜可以防止土壤里的病菌传播到近地面的果穗和枝叶上。据报道，铺地膜面积达到种植面积的60%，可以推迟发病10天。

（3）药剂防治　春季开花前后要喷施一次内吸治疗性药剂，以后可以交替喷施代森锰锌、达科宁等保护性药剂。前期喷药要重点喷葡萄的中下部果穗，果穗一定要喷透，使果梗、穗轴上也能着药。封穗前的治疗性药剂可采用10%世高水分散粒剂2 000~3 000倍液，对穗轴的伸长、果实膨大没有任何抑制作用，对白腐病的治疗效果也很好。到封穗以后，果实生长基本停止，可以采用30%爱苗乳油4 000倍液、40%氟硅唑乳油8 000倍液、25%丙环唑6 000倍液。另外，烯唑醇、腈菌唑等三唑类药剂也有不错效果。常规治疗性药剂有50%多菌灵1 000倍液、70%甲基托布津1 000倍液。以上药剂除雨后及时喷施以外，其他时间每间隔15天左右喷施1次，交替使用。

三、葡萄炭疽病（Grape ripe rot）

【症状】 葡萄炭疽病主要在成熟期引起果实腐烂，同时也是南方早春花穗腐烂的主要原因。染病的果实初期在果面产生褐色水渍状斑点或雪花状病斑。以后病斑逐渐扩大呈深褐色稍凹陷。表面生许多轮纹状排列的小黑点，遇到潮湿环境其上长出粉红色的孢子团，果实软腐，容易脱落。新梢、叶片、穗轴、果梗等都可以染病，但相对于果实，病菌对这些部位的为害都不严重。

【病原】 *Glomerella cingulata*（Stonem.）Spauld.et Schrenk 属子囊菌亚门，围小丛壳属。该病的无性世代有2个病菌菌种。一个是果生盘长孢菌 *Gloesporium fructigenum* Berk.，另一个是葡萄刺盘孢菌 *Colletotrichum ampelinum* Cav.，二者都可以引起炭疽病。

果实不同发病时期症状

多个病斑合并成一个大病斑

【发病规律】 病菌主要以菌丝体在一年生枝蔓的表皮组织及果梗、叶痕等处越冬。第二年春天当气温高于10℃时，遇到降雨、露水、大雾等潮湿环境即可以产生分生孢子，特别是降雨后分生孢子大量产生，产生的分生孢子随雨水传播并侵染果实、枝蔓、卷须等。据测定，在炭疽病严重的葡萄园内，一年生枝条全部带菌，带菌越冬的枝条在春季产孢量大，夏季逐渐减少，秋季基本停止产孢，二年生的老枝条一般已经不再带菌。分生孢子盘产生的分生孢子呈胶团状粘连在一起，需要在水中才能分散成单个分生孢子，在没有水分的情况下孢子团干枯，孢子死亡丧失侵染能力。

病斑上有轮纹状排列的分生孢子器

分生孢子器呈典型的轮纹状排列

葡萄炭疽病果实病斑

炭疽病果实

分生孢子萌发后可以直接从寄主表皮、气孔、皮孔等处侵染。炭疽病有潜伏侵染的特性，被侵染的枝叶和卷须不表现明显症状，被害的幼果也不表现症状，只有在果实接近成熟时才显现症状。病果上产生的分生孢子随雨水可以进行再侵染，病菌在近成熟期侵染果实后没有潜伏期，一般经过4天左右即可以发病。

葡萄炭疽病是高温高湿型病害，喜欢湿热多雨的气候条件，尤其是在葡萄果实接近成熟时，遇到高温多雨常常引起葡萄炭疽病的大流行。夏季的温度一般都能够满足炭疽病的发生，但温度偏高时可以明显促进炭疽病的发病。分生孢子形成的最适宜温度是28～30℃，萌发侵染寄主的最适宜温度是28～32℃，最高在45℃时仍可以萌发。

果实表面粉红色孢子

炭疽病果穗症状

【防治关键时期】

（1）春季防治　第一次喷药是在葡萄出土上架以后，萌芽以前，喷施3～5波美度的石硫合剂，可以铲除枝条上越冬的多种病菌和害虫。当春季随着枝条开始生长以后，越冬的病菌菌丝体也开始萌动，在病菌没有产生新的分生孢子之前（开花前），喷施1次内吸治疗性杀菌剂，如10％世高水分散粒剂2 000倍液，重点喷一年生枝条。

（2）降雨后防治　由于炭疽病的孢子形成、散布、侵染都需要水的帮助，因此，在生长季节内，每次下雨后都要及时喷施1次内吸治疗性药剂。其他时间需定期喷施保护性杀菌剂，例如波尔多液、代森锰锌、达科宁、福美双等。

（3）近成熟期防治　炭疽病在葡萄近成熟期开始发病，果实上产生的大量分生孢子可以随雨水、露水就近形成再侵染，为害相邻的果实和果穗。因此，发病前喷施内吸治疗性杀菌剂可以杀死已经侵染到果实内部的病菌，使其不再发病和产生孢子，从而避免病菌再侵染。此时喷药首先不能造成成熟后的果实农残超标，其次喷施的药剂不能污染果面，另外，药剂的保护性能要好，持效期长。比较适合的药剂有世高1 500倍液、爱苗4 000倍液。

防治方法

（1）清洁田园　结合冬季修剪清除植株上的病枝条和地面上的枯枝落叶，集中烧毁。

（2）休眠期喷药　春季萌芽前喷一次3～5波美度的石硫合剂。

（3）生长期喷药　关键是春季5月份的第一次降雨后和果实近成熟时的喷药。春季的第一次降雨后，潜伏在枝条上的病菌开始产生分生孢子，此时及时喷内吸性杀菌剂可以消灭大量春季的初发菌源。在果实生长期每次降雨后，特别是果实近成熟期遇到降雨要及时喷内吸治疗性杀菌剂。春季第一次防治炭疽病应喷施10％世高1 500～2 000倍液，以后可以采用阿米西达、阿米妙收、多菌灵、甲基托布津、代森锰锌、达科宁、波尔多液等药剂交替喷施。果实即将转色时可以采用10％世高2 000～3 000倍液、30％爱苗乳油4 000倍液、70％甲基托布津1 000倍液交替喷施，每次喷药间隔10～15天，除炭疽病外，还可以同时兼治白腐病。此外，咪鲜胺在其他作物上防治炭疽病效果很好，但在葡萄上喷施会严重影响果实风味，因此，在葡萄生长后期防治炭疽病时不要使用。

四、葡萄黑痘病 （Grape bird's eye rot）

【症状】　主要为害葡萄的绿色幼嫩部分，如果实、嫩叶、新梢和卷须等。叶片感病后开始出现针尖大小的红褐色至黑褐色斑点，周围有黄色晕圈。病斑扩大后呈圆形或不规则形，病斑中央干枯呈灰白色，稍凹陷，边缘红褐色。后期病斑中央容易穿孔，边缘仍保持红褐色。叶脉上的病斑菱形，稍凹陷，灰色，边缘褐色，受害叶脉生长停止，随着叶片的长大，顶部的嫩叶扭曲、皱缩、叶片破裂，严重的新梢叶片全部枯死。

幼果染病初呈深褐色圆形斑点，逐渐扩大成为圆形或不规则性凹陷病斑，直径2～5毫米，中间灰白色，边缘深褐色，病斑似鸡眼状。多个病斑可以连成大斑，后期病斑硬化或表皮开裂。染病较晚的果实仍能长大，病斑凹陷不明显，但果实变酸，病斑仅限于表皮，不深入果肉，遇雨病斑上出现乳白色的胶黏状孢子团。

此外，新梢、叶柄或卷须都可以发病，症状都是灰褐色病斑，

葡萄黑痘病果实受害症状

黑痘病为害新梢

黑痘病为害叶片后期症状

黑痘病为害叶片后期症状

边缘深褐色，中央凹陷，经常开裂。枝蔓上的病斑可以扩展到髓部，发病严重时，新梢生长停止、萎缩直至枯死。

【病原】 无性阶段属于半知菌亚门，葡萄痂圆孢菌 *Spaceloma a-mpelinum* de Bary。有性阶段是子囊菌亚门，痂囊腔菌 *Elsinoe ampelina*（de Bary） Shear。

【发病规律】 病菌以菌丝体在病枝、病蔓等处的组织中越冬，也有部分是在地面上的病果、病叶上越冬。春季当平均气温超过12℃时，正值葡萄新梢生长期，病斑部位开始产生分生孢子，借风雨传播到侵染部位，形成初次侵染。地面上的病果、病叶等病残体上越冬的病菌在春季也可以形成大量孢子造成初侵染。病菌的传播主要靠雨水，降雨超过2毫米就可以使孢子进行有效地传播和侵染。该病的侵染速度和温度密切相关，12℃时潜育期为7天，16℃时为5天，最适宜的发病温度是24～26℃，超过30℃时发病开始受到抑制。病菌主要为害葡萄的幼嫩部位，如嫩梢、幼果、新生叶片等，已经长成的叶片和果实抗病性增强，一般不再受到为害。该病在山东、河北等地一般在6月上中旬开始发病，6月下旬至7月上旬为发病盛期。

该病发生的轻重和春末夏初的降雨量有直接关系。我国南方地区此时正是多雨的霉雨季节，温度大约在25℃左右，雨水多，湿度大，而且叶片、枝蔓和果实都还处于幼嫩阶段，非常有利于病菌的侵染。在黄河以北地区，只是在种植感病品种的果园，遇到春季雨量偏大的年份病害才会发生严重。

此外，果园地势低洼、管理粗放、树势衰弱、肥力不足或氮肥过多、磷钾肥不足、杂草丛生都会加重病情的发展。

【防治关键时期】

（1）春季防治　由于该病主要发生在葡萄生长的前期，因此，更应该注重春季防治。一般是在开花前结合炭疽病和白腐病的春季防治喷施一次内吸治疗性杀菌剂，如10%世高水分散粒剂2 000～3 000倍液，或25%阿米西达悬浮剂2 000倍液。在葡萄果实和枝叶生长的前期，最好不要喷施其他抑制生长的三唑类杀菌剂，以免影响果实膨大和叶片的伸展。

（2）雨后喷药　和其他病害一样，黑痘病的病菌也是在雨后产生大量分生孢子，并借助雨水侵染寄主。在干燥的寄主表面病菌不能萌发形成侵染。因此，雨后及时喷施内吸治疗性杀菌剂对控制病害的发生至关重要。降雨后喷药越及时效果越好，最晚也要在雨后3天之内喷完，否则防治效果会很差。

防治方法

（1）清洁果园　秋季葡萄落叶后要及时清除园内的病叶、病果。入冬前结合修剪剪除病枝蔓。

（2）休眠期喷药　春季萌芽前结合防治其他病害喷施3～5波美度的石硫合剂，除黑痘病以外，对在树体上越冬的多种病害都有很好的效果。

（3）生长期喷药　由于黑痘病主要为害葡萄的幼嫩部位，因此防治的重点应该在前期。春季葡萄开始生长时，就要喷药保护新梢枝叶和花穗。可供选择的保护性杀菌剂有波尔多液（1∶0.7∶240）、达科宁、代森锰锌、代森锌、科博等铜制剂等。内吸性药剂有阿米西达、世高、多菌灵、甲基托布津、爱苗、福星等。当田间发现病害时，要立即喷施内吸治疗性杀菌剂，如10%世高2 000倍液、25%阿米西达1 500倍液。其他的药剂可以选择50%多菌灵800倍液、70%甲基托布津1 000倍液。喷药时要重点喷新梢和果穗部位。

五、葡萄褐斑病（Grape brown spot）

【症状】　褐斑病又叫斑点病、褐点病、角斑病等。只为害葡萄的叶片，一般年份都有发生，但为害不重，个别多雨年份，防治不及时也可以造成葡萄早期落叶。褐斑病有大褐斑和小褐斑病两种。两种褐斑病的症状相近似，病斑直径3～10毫米的为大褐斑病，在美洲种葡萄上表现为圆形或不规则形病斑，中央黑色，边缘红褐色，外围黄绿色，背面暗褐色，湿度大时可见黑褐色霉层。在龙眼、甲州、巨峰等品种上，病斑近圆形或多角形，直径3～7毫米，边缘褐色，中央有黑色圆形环纹，病斑多时病叶易干枯破裂或早期落叶。

大褐斑病

小褐斑病的病斑开始呈黄绿色小点，以后逐渐扩大，变成边缘深褐色，中部颜色稍浅，近圆形或多角形病斑，病斑直径2～3毫米，病斑多而小，湿度大时病斑背面生灰黑色霉层，严重的一张叶片上有数百个病斑，致使叶片枯黄脱落。

【病原】　大褐斑病的病原菌为*Phaeoisariopsis vitis*（Lev.）Sawada.属半知菌亚门，葡萄褐柱丝霉。小褐斑病的病原菌为*Cercospora roesleri*（Catt.）Sacc.属半知菌亚门，座束梗尾孢霉属。

小褐斑病叶片症状   葡萄小褐斑病

【发病规律】 病菌以菌丝体在病残体内越冬，病组织上的分生孢子有时也有一定的越冬能力。春季遇到降雨或潮湿条件植物病残组织上产生分生孢子，借风雨传播到叶片上。病菌经过10～20天的潜育期，就会在叶片上形成分生孢子，产生的分生孢子不断形成再侵染，为害其他健康叶片，在多雨年份一般在夏末秋初容易形成发病高峰。在雨季提前的年份，褐斑病的发生也会相应提早。病害的发生一般是从下部叶片开始，逐渐向上蔓延。

高温潮湿的气候是该病发生和流行的重要因素。果园地势低洼、肥力不足、管理粗放、枝叶郁闭、树势衰弱、挂果量过大等因素都有利于病害的发生。

【防治关键时期】

（1）春季防治 褐斑病在一般年份不用专门喷药防治，只要果园管理精细，在防治白腐病、炭疽病等其他病害的同时一般都能够兼治褐斑病。例如在花期前后遇到降雨要喷一次内吸治疗性杀菌剂，平时定期喷施保护性杀菌剂，例如代森锰锌、达科宁、波尔多液等。喷药部位要以中下部为重点。

（2）夏季防治 对于酿酒葡萄或套袋的鲜食葡萄，在夏季多雨季节要以波尔多液预防保护为主。充分发挥波尔多液黏附性强，耐雨水冲刷的特性。同时结合防治其他病害，遇到降雨后要及时喷药。对于不套袋的鲜食葡萄，可以定期喷施代森锰锌、科博等广谱性保护性杀菌剂，不会污染果面，又可以同时兼治其他病害。

防治方法

（1）加强果园管理　秋冬季及时清除园内的落叶，集中烧毁，减少越冬病菌基数。生长季节注意增施肥料，提高植株的抵抗力。雨后及时排水，降低田间湿度。

（2）药剂防治　发病前结合其他病害的防治喷施波尔多液、代森锰锌等药剂，间隔15天左右喷1次。发病后要用10%世高2 000倍液或40%戊唑醇2 000倍液、25%阿米西达悬浮剂1 500～2 500倍液、50%多菌灵可湿性粉剂1 000倍液喷雾防治，一般连续喷施2～3次就可以控制病害的发生。

六、葡萄灰霉病（Grape gray mold）

【症状】　灰霉病主要为害葡萄花序、幼果和成熟以后的果穗，有时也为害新梢和叶片。果穗被害后，初期呈褐色水渍状病斑，湿度大时很快颜色变深，果穗腐烂，上生灰色霉层。成熟期果穗染病，先在个别有虫伤或机械伤口的果实上发病，然后扩展到其他果粒，逐渐使染病的果粒都长满灰色霉层。

葡萄灰霉病

葡萄裂果引起的灰霉病

灰霉病侵染花帽

霜霉病侵染幼果

花帽不脱落诱发灰霉病　　　　　葡萄灰霉病霜霉病混合发生

　　果实或花序染病后，如果天气变得干旱少雨，果穗表面就不产生灰色霉层，则逐渐萎蔫、腐烂、干枯。

　　【病原】　无性世代为半知菌亚门，灰葡萄孢属 *Botry-tis cinerea* Pers.，有性世代为富克尔核盘菌 *Sclerotinia fuckeliana* (de Bary) Fuckel，属于子囊菌亚门。

　　【发病规律】　灰霉病病菌主要以菌核和分生孢子越冬，病菌的抗逆性很强，第二年春天温度回升，遇到降雨或浇水，土壤中越冬菌核萌发产生分生孢子，借助气流传播到花穗上。

　　灰霉病菌是一个弱寄生菌，并喜欢低温高湿的发病条件。在葡萄上主要为害春季的花穗和秋季成熟期的果穗。因此，春季谢花前后如果遇到连阴天或大雾天气，病菌很容易借助即将脱落的花侵染花穗，造成整个花穗染病。秋季天气凉爽，遇到秋雨多或田间小气候潮湿，葡萄裂果等都有利于灰霉病的发生流行。

　　据研究，葡萄灰霉病菌有明显的潜伏侵染特性。一般是在开花期通过花托部位侵染，少量的病菌是通过雄蕊和花柱侵染。由于寄主体内的抗性机制，侵染后的病菌一直保持潜伏状态，随着果实的逐渐成熟，这种抗性机制减弱，灰霉病开始表现症状。如果在开花期遇到连续的低温阴雨天气，造成授粉不良，大量未授粉小花在脱落前非常容易被灰霉病菌直接侵染，侵染的灰霉病病菌不经过潜伏，可以直接表现为害症状，造成果穗大量腐烂。

　　葡萄花朵完全开放时期是对灰霉病侵染最敏感的时期。开花前，葡萄花朵有花冠的保护，在开花后花冠脱落，灰霉病病原菌的分生孢子得以很容易地进入花朵内部，雄蕊表面分泌物有利于孢子的萌发，但其内部含有的高浓度的抑制物质却阻止病菌芽管和菌丝的进一步伸长。据研究，花朵内高浓度的草酸钙可能是抑制病菌进一步扩展的原因之一。

花期灰霉病的侵染对天气的依赖程度很小，因为一旦病菌孢子进入到花朵内部，里面的潮湿环境完全可以满足灰霉病菌孢子的萌发和侵入。进入成熟期以后，潜伏的灰霉病病菌开始发病，产生大量分生孢子。此时期，随着病情的不断发展，春季花期侵染的病菌已经不再是发病的主体，而更多的病害则是由于病穗上形成的大量分生孢子造成的再侵染所致。

【防治关键时期】

（1）开花期防治　　开花期是灰霉病菌侵染最关键的时期，因此，开花前后喷药是防治灰霉病的关键。在灰霉病严重的地区花前1～3天及落花80%左右要各喷一次。灰霉病发生轻的地区可以只在花前喷一次。

（2）近成熟期防治　　在灰霉病发生严重的地区，果实转色前要喷施一次药剂。由于果穗已经封穗，药剂不能到达果穗内部，此时喷药对花期已经侵染的灰霉病菌无效，而只能保护没有被侵染的果实不再受灰霉病菌的侵染。

（3）采收前防治　　在田间采收的葡萄果穗上都带有灰霉病菌的孢子，这些孢子在贮藏期间可以通过果实或穗轴上的细小伤口侵入造成大量烂果。这次防治药剂的选择很重要，首先要考虑果实中的农药残留不能超标，其次，药剂不能造成果面污染。根据一些地方的经验，可以试用葡萄保鲜剂特克多1 000倍液喷果穗的方法，效果非常显著。

防治方法

（1）清洁果园　　清除田间病残体，减少越冬菌源。

（2）加强栽培管理　发现染病花穗或病果要及时剪除。控制营养生长，防止枝叶郁闭。

（3）药剂防治　防治灰霉病的药剂种类很多，常用的药剂有50%万霉灵800～1 000倍液、50%卉友5 000倍液、50%瑞镇1 500倍液、50%农利灵1 500倍液、50%速克灵1 000～1 500倍液、50%扑海因1 500倍液、40%施佳乐（嘧霉胺）悬浮剂1 500倍液、50%多菌灵1 000倍液、70%甲基托布津1 000～1 500倍液。另外，多氧霉素、达科宁、爱苗、特克多、丙环唑、抑霉唑、已唑醇等也都可以兼治灰霉病。

七、葡萄白粉病（Grape powdery mildew）

【症状】　白粉病主要为害葡萄绿色幼嫩部分，菌丝体生长在植物表面，以吸器进入寄主表皮细胞内吸收养分。叶片发病，出现褪绿病斑，上生白色粉状物，严重时布满整个叶片。幼果发病，病斑褪绿，呈黑色星芒状花纹并长出白粉。果实长大后染病，果粒容易开裂。

【病原】　有性世代为子囊菌亚门，葡萄钩丝壳属 *Uncinula necator*（Schw.）Burr.。无性世代为半知菌亚门，葡萄粉孢属 *Oidium tuckeri* Berk.。

白粉病为害叶片

白粉病为害叶片背面症状

白粉病为害卷须　　　　　　　　　白粉病为害新梢

白粉病为害果实　　　　　　　　　白粉病果实受害症状

【发病规律】　病菌以菌丝体在被害组织内或芽鳞间越冬，也可以闭囊壳在枝蔓上越冬。一般6月份开始发病，7～8月份进入盛发期。闷热多云的天气，气温29～35℃时，病害发展速度最快。大雨可以冲刷叶片表面的病菌，使病害暂时受到抑制，雨后气候条件合适时，病害又会迅速发展。种植密度过大、氮肥过多、枝叶密闭、通风透光性差，有利于病害发生。

根据澳大利亚和美国学者对葡萄白粉病流行学的研究，开花前降雨对病害的初侵染至关重要，但后期的降雨对病害的流行速率没有大的影响。在一个葡萄园当中，当春季开始形成初侵染时，病害只是局限在个别植株的新梢上，而当由子囊孢子或分生孢子形成的再侵染，则是在田间呈点片状随机分布。研究还发现，在喷药次数不够的果园中，从病害出现到整个果园都有病害发生，大约只需要40天时间，随后病害将迅速蔓延，直至失去控制。绿色的组织，如叶片、枝蔓、卷须、幼嫩的果实等都对白粉病菌非常敏感，但随着器官或组织的逐渐老化，其抗病性也逐渐增强。果实对白粉病菌最敏感的时期是在落花后4～6周期间，大约是在果实豌豆粒大小至封穗前。在葡萄的生长后期由于叶片、果实等表皮已经老化，白粉病的流行速度会相对较慢，但此时对减少产量损失为时已晚。

【防治关键时期】

春季开花前是防治白粉病的最重要时机。一次是在出土上架后萌芽前喷施一次3～5波美度的石硫合剂。另一次是在开花前1周之内或者是在开花前遇到降雨要在雨后喷施一次内吸治疗性杀菌剂，铲除刚刚萌发的越冬病菌。早期的良好防治可以延缓病害的发生时间达到30天，病害的严重度从50%降低到5%。

防治方法

（1）入冬前剪除病枝病叶，减少越冬菌源。生长季节及时摘心绑蔓，保持通风透光良好。

（2）**药剂防治** 防治白粉病的药剂很多，常用的石硫合剂、硫悬浮剂、达科宁等对白粉病都有很好的预防保护作用。单纯从病害防治的角度考虑，大多数的三唑类杀菌剂对白粉病都有很好的效果，但这些药剂绝大多数都对植物有明显的抑制生长作用，在春季枝条和叶片的快速生长期和初夏的果实膨大期使用不当，容易造成枝条、叶片或果实的生长受到抑制，影响果实的质量和产量。

推荐药剂：内吸治疗剂10%世高3 000倍液特别适合开花前喷施，铲除春季菌源；内吸治疗兼保护杀菌剂25%阿米西达2 000倍液是一个长效、多功能杀菌剂，可以同时防治葡萄上的绝大多数真菌病害；治疗兼保护混配杀菌剂50%多硫合剂800～1 000倍液，价格低廉，效果也不错，但在温度较低的春季使用，效果不好。此外，多菌灵、甲基托布津、醚菌酯、腈菌唑、福星、三唑酮、烯唑醇、爱苗、丙环唑、石硫合剂等都有很好的效果，可以交替使用。需要注意的是，三唑酮、烯唑醇、福星、爱苗、丙环唑等药剂均有一定的抑制生长作用，因此，在葡萄果粒膨大期需慎重使用。

八、葡萄穗轴褐枯病（Grape alternaria rot）

【症状】 葡萄穗轴褐枯病一般只在幼嫩的果穗上发生，发病初期先在幼嫩的穗轴上呈淡褐色水渍状斑点，扩展后变为深褐色、稍凹陷的病斑，病害发展很快，最后整个穗轴呈褐色枯死，失水干枯。若小分枝穗轴发病，当病斑环绕一周时，其上面的花蕾或幼果也随之萎缩、干枯脱落，严重时几乎整穗的花蕾或幼果全部脱落。

幼小的果粒上病斑呈深褐色，直径大约0.2毫米左右，随着果实的生长，病斑结痂，随后脱落，对生长影响不大。

穗轴褐枯病

穗轴褐枯病

【病原菌】 引起穗轴褐枯病的病菌为葡萄生链格孢霉 *Alter-*

naria viticola Brun，属于半知菌亚门真菌。

【发病规律】 病菌以分生孢子和菌丝体在结果母枝的鳞片及枝蔓表皮内越冬。第二年春季在萌芽至开花期病菌的分生孢子借助雨或露水侵染花穗，发病后病斑上形成的分生孢子又可以借助风雨进行再侵染。在葡萄上人工接种病菌试验表明，在适宜的条件下从接种到发病的潜育期仅需要2～4天，说明该病的侵染循环非常快，可以很容易地在春季造成多次循环侵染。

该病适宜在比较低温多雨的气候条件下发病。春季低温植株生长缓慢，穗轴老化程度减缓，病害相对严重。随着穗轴的老化，抗病性增强，病害发生也随之缓和。

品种之间的抗病性差异巨大，玫瑰香基本上是免疫的，而巨峰则非常感病。在我国长江中下游一带春季的霉雨季节，非常适宜该病的发生。因此，在这些地区，如果种植巨峰等感病品种，一定要重视对穗轴褐枯病的防治。

【防治关键时期】

由于该病主要在春季为害幼嫩的穗轴，因此，开花前和开花后各喷一次药剂是该病防治的关键。

防治方法

花前喷施一次25%阿米西达悬浮剂1 500～2 000倍液，或75%达科宁可湿性粉剂500～700倍液，或70%代森锰锌600倍液。落花后喷施一次10%世高水分散粒剂2 000倍液，或25%阿米西达悬浮剂1 500～2 000倍液，或50%扑海因1 000倍液，或70%甲基托布津超微可湿性粉剂800～1 000倍液等。

九、葡萄黑腐病（Grape black rot）

【症状】 黑腐病主要为害果实，也可以侵染新梢、叶片、叶柄、卷须等部位。果实染病初呈褐色小圆点，病斑发展很快，病部呈红褐色，数天内整个果实就会全部发病，表皮皱缩并逐渐干缩成黑色僵果，挂在枝条上不易脱落。干缩的僵果表皮下布满黑色小点，即病菌的分生孢子器。叶片上的病斑近圆形，边缘黑褐色，后期在病斑上也出现黑色小点（分生孢子器）。叶柄、新梢、叶片、卷须等发病后病斑深褐色凹陷病斑，其上也生有很多黑色小粒点。

黑腐病叶片病斑症状

黑腐病果实（果实表面分生孢子器）

【病原菌】　引起葡萄黑腐病的病菌是 *Guignardia bidwellii* (Ell.) Viala et Ravaz。属于子囊菌亚门的葡萄球座菌。无性阶段是 *Phoma uvicola* Berk 为葡萄黑腐茎点霉菌，属于半知菌亚门真菌。

【发病规律】　病菌以分生孢子器、子囊壳和菌丝体在病果、枝蔓、叶片、卷须等病残体上越冬。春季随着温度的上升，遇到潮湿的天气或雨水后，病残体吸收水分，分生孢子器或子囊壳就可以释放出大量的分生孢子或子囊孢子，孢子被风雨或昆虫传播到葡萄的幼嫩组织上，在条件适合的情况下就可以形成初侵染。在春季形成的初侵染中，大多数情况是由子囊孢子侵染的，分生孢子侵染的重要性相对较低。地面上的病果或越冬枝条上的病斑在整个夏季都可以产生子囊孢子或分生孢子进行侵染，但它们对

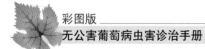

整个病害发展的影响主要是在春季的初侵染。当进入到夏季以后，更多的是依靠当年发病的新病斑上产生的分生孢子进行再侵染。

病菌的侵染需要在寄主组织的表面有水滴或水膜的存在，过高或过低的温度都不利于病菌的侵染，在 10℃ 的情况下需要 24 小时，在 32℃ 时需要 12 小时，而在 27℃ 的条件下则仅仅需要 6 小时即可以完成侵染。病菌完成侵染后的潜育期和温度也有密切关系，温度高潜育期短，可以加速病害的发展进程，因此，夏季的高温多雨有利于病害发生。

根据美国学者 L. E. Hoffman 等的研究，葡萄浆果对黑腐病的抗性随着果实的生长逐渐增强。一般感病品种如雷司令、霞多丽等，幼果在盛花期后的 4 ~ 5 周之前是最容易感病的时期，到 6 ~ 7 周时抗病性大大增强。抗病品种在花后 2 ~ 3 周以后就具有了很强的抗病能力。

【防治关键时期】

（1）对于黑腐病发生不严重的果园，在花前和刚落花后各喷一次治疗性药剂。例如阿米西达，既可以防治黑腐病，又可以同时兼治霜霉病、白粉病、黑痘病、炭疽病等。以后结合防治其他病害每 10 ~ 15 天喷施 1 次保护性杀菌剂，一直到 7 月份左右。

（2）对于历年黑腐病发生严重的果园，除花前和花后各喷施一遍药剂以外，还要在花后 15 ~ 20 天喷施第二次治疗性杀菌剂。以后每间隔 10 ~ 15 天喷施 1 次保护性杀菌剂直到夏季。

防治方法

（1）清洁田园　秋季一定要把田间的病果、病枝叶等全部清除，并集中深埋或烧毁。特别是地面上的病果是春季初侵染菌源的最主要来源，最好彻底清除。

（2）剪除病枝、病果　对于冬季不埋土的地区，藤架上的病枝、病果和地面上的病果一样是春季病菌的主要来源，必须要彻底清除，对于压低病害的发生非常有效。

（3）春季翻耕　可以提高土壤温度，还可以把地面上的病果和其他病残体埋入地下，减少其侵染的机会。

（4）药剂防治　萌芽前喷施3～5波美度石硫合剂。花前和花后喷治疗性杀菌剂，较好的药剂有25%阿米西达悬浮剂1 500～2 000倍液、25%戊唑醇1 000～1 500倍液、10%世高水分散粒剂1 500～2 000倍液、12.5%腈菌唑乳油1 000～1 500倍液。保护性杀菌剂可以选择25%阿米西达2 000～3 000倍液、70%代森锰锌可湿性粉剂500～700倍液、1：0.7：200倍量式波尔多液等。

十、葡萄根癌病 （Grape crown gall）

【症状】　根癌病又叫根头癌肿病。该病多发生在根部、扦插苗的地下剪口、结果树的颈基部以及树干、新梢、叶柄甚至穗轴等部位。发病初期在病部长出近圆形的瘤状物，乳白色，表面较光滑。随着瘤子的不断增大，颜色也由白色逐渐变成褐色，表面粗糙不平，内部组织质地逐渐变硬。瘤的数量由1～2个到数十个不等，瘤体的大小差异也很大。发病后期如果土壤长时间积

新鲜根癌瘤状物

新鲜根癌瘤状物长出地面

树干基部的瘤状物

主干基部的瘤状物开裂

瘤状物颜色逐渐变深老化

瘤状物老化开裂变成深褐色

水，瘤子会逐渐腐烂发臭，并逐渐脱落。得病植株树势衰弱，葡萄产量低、质量差，严重时树体或枝蔓干枯死亡。

【病原】 属于土壤杆菌属根癌土壤杆菌，也称为癌肿野杆菌 [*Agrobacterium tumefacicms* （Smith & Townsend） Conn.]。该菌有3个变种，侵染葡萄的主要是3号变种。该菌革兰氏染色为阴性。

【发病规律】 该病广泛分布于国内各葡萄产区，尤其以北方果园发生更为严重。病菌在肿瘤组织内或随病残枝叶在土壤中越冬。病菌可在病残体上存活2～3年，而单独在土壤中只能存活1

年。病菌在果园内主要通过雨水、灌溉水和修剪工具近距离传播。远距离传播主要靠苗木、接穗、砧木等带菌进行传播。病菌主要通过伤口侵染。嫁接、昆虫、中耕、施肥等引起的根部伤口都是病菌侵染的通道。病菌侵入后在皮层组织内分泌生长素类物质，刺激周围细胞快速分裂增生而形成肿瘤。病菌侵入后到长出肿瘤所需的时间，可以从几周到1年以上。整个生长季节只要遇到伤口，病菌都可以侵染，6~8月份的温度最适合病瘤的生长。

高温高湿适宜该病的发生，因此，夏季的高温多雨季节也是该病发生严重的时期。最适合根瘤生长的土壤温度是28℃，最高温度32℃。到10月下旬随着温度的降低，肿瘤逐渐停止生长。土壤的酸碱度也是影响根癌发生的重要因素，中性或微碱性土壤或沙土有利于此病发生，pH5以下的酸性土壤很少发病。此外，嫁接部位低、接口大、树苗定植前剪根和除草、施肥伤根等均能增加病菌侵入的机会。葡萄植株在遭受冻害之后，更能加重病害的发生。因此，北方需要埋土防寒地区的葡萄比南方不防寒地区的葡萄发病重。

【防治关键时期】

（1）苗木引入　葡萄园建园时引进无病苗木、无病接穗和砧木是最关键的环节。因此，在苗木、接穗或砧木的引进过程中一定要严格考察产地是否有该病的发生。即使是在无病地区引进的苗木和接穗也要用1%硫酸铜溶液浸泡5分钟进行消毒处理。

（2）春季防治　对于已经发病的果园，春季要经常检查田间的肿瘤，发现后要及时切除。注意切除的病组织要收集干净并集中烧毁。然后在伤口处涂抹5波美度的石硫合剂，以保护伤口不会被继续侵染。

防治方法

（1）加强田间管理　多施有机肥和酸性肥料，造成不利于

病菌侵染的土壤环境。雨季注意及时排水，降低土壤湿度。

（2）防治药剂　对于根癌病的化学防治，总体上没有非常特效的药剂。对该病菌有一定效果的药剂有石硫合剂、波尔多液、农用链霉素、农用抗生素401、农用抗生素402。

（3）生物防治　春季在根部使用木霉菌制剂萎菌净（河北省植物保护研究所生产）或土壤杆菌HCB-2，对根癌病和其他根部病害都有一定的预防效果。

十一、葡萄枝枯病（Grape phomopsis cane and leafspot）

【症状】　主要为害葡萄的一年生枝蔓、叶片、叶柄、穗轴、果实等。枝蔓上的病斑为黑色长条形，由下部向上发展，到后期

枝枯病枝条上病斑

病斑中央经常纵裂开。有时由于病斑数量很多，并且逐渐连成一片，使得发病部位呈现黑色疮痂状。冬季枝条上发病的部位呈灰白色，很容易与健康枝条区分，在靠近基部的病斑上有大量的小黑点（分生孢子器）形成。

叶片上的病斑初为褐色小点，有黄色晕圈，数量很多，后期发展为深褐色，上面也有小黑点（分生孢子器）。被害严重的叶片会出现皱缩、畸型，甚至早期落叶。

穗轴上的病斑也是黑色长条形，被害的穗轴变脆，很容易在果实没有成熟前折断。病斑在穗轴上环绕一周后，引起上面的果实失水皱缩干枯。

果实一般是在转色期前后才表现症状。得病的果实呈褐色，表面上有很多小黑点（分生孢子器）。到后期逐渐皱缩，干枯变成僵果，与黑腐病的病果症状相似。二者的区别是枝枯病通常在果柄处开始发病，而黑腐病在果实上的发病部位是随机的。

　　【病原菌】　引起葡萄枝枯病的病菌为*Phomopsis viticola* (Sacc.) Sacc.属于半知菌亚门拟茎点霉属。

　　【发病规律】　病菌以分生孢子器和菌丝体在病枝蔓上越冬，第二年5～6月份遇到潮湿的环境条件，越冬的分生孢子器就会释放孢子，借助雨水或露水传播到葡萄的幼嫩组织上。枯死的病枝蔓上释放的孢子数量比成活的枝蔓要多。春季的阴雨潮湿有利于病害的发生和蔓延。病菌最容易侵染幼嫩组织，例如新梢、嫩叶和幼果等。在幼果期侵染的病菌一般不立即发病，多数要潜伏到转色以后才表现症状。枝条上当年形成的病斑不产生孢子，要到第二年春季才具有产孢能力。该病的扩散性不强，主要是同株内的枝条间传染，不同株之间传染极少。树势衰弱、管理粗放、遭受冻害的果园病害严重。

　　【防治关键时期】

　　在开花到坐果期间是植株最敏感的时期，如果此时再遇到降雨，将非常有利于病害的发生。因此，该病的防治关键就是在5～6月，每次降雨后要立即喷施内吸治疗性杀菌剂。

防治方法

　　（1）剪除病枝蔓　秋季埋土前结合修剪，把发病的枝条彻底剪除带出田外烧毁。可以大大降低越冬菌源数量，减少发病的几率。

　　（2）药剂防治　在春季萌芽前喷施3～5波美度的石硫合剂，在3～4叶期可以结合霜霉病、白粉病和炭疽病的防治喷施25%阿米西达1 500～2 000倍液或75%达科宁700倍液、50%DT

（琥胶肥酸铜）可湿性粉剂500倍液、1∶0.7∶200倍式波尔多液等，或者结合防治白腐病、炭疽病、白粉病喷施10%世高2 000倍液。

十二、葡萄酸腐病（Grape sour rot）

【症状】 葡萄酸腐病一般在葡萄转色后、果实含糖量达到8%以上时发病。它的一个明显的特征就是发病的果实能够散发出一股醋酸的味道。酸腐病的病果经常有腐烂的汁液流出。病果散发的酸味，诱集大量的果蝇在上面产卵，果蝇的为害更加重了病害的发展和蔓延。一个果穗上往往是先从个别果粒发病，很快就会蔓延到整个果穗，在一些地区造成非常严重的损失。

酸腐病果穗

红葡萄品种酸腐病果穗

虫害造成的伤口易引发酸腐病

【病原菌】 引起酸腐病的病原菌种类很多，大多数为腐生菌或弱寄生菌，主要的病菌种类有 *Acetobacter*（醋酸细菌）以及多种酵母菌等微生物。有些真菌，例如根霉菌、曲霉菌、青霉菌、交链孢菌、灰霉菌等引起的穗腐病可以促进酸腐病的发生。

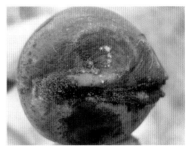

后期裂果导致灰霉病与酸腐病并发

【发病规律】 引起葡萄酸腐病的醋酸菌、乳酸菌、酵母菌以及其他微生物大都是腐生菌和弱寄生菌。它们自然存在于葡萄果实的表面、空气和土壤中。这些微生物大多不能直接侵染健康的葡萄果实，必须通过各种原因造成的果实表面的伤口才能侵染，例如冰雹、暴风雨、虫害、鸟害、病害、果粒之间的生长挤压等都会造成果实的损伤。果实表面任何的伤口，无论大小都是病菌潜在的侵染通道。

除了果实的伤口以外，另外一个影响酸腐病发生的重要因素就是气候。在潮湿温暖的天气条件下，果实表面的微生物很容易在伤口周围的坏死组织上大量繁殖，从而进一步引起整个果粒，甚至整个果穗腐烂。腐烂发酵的气味吸引大量的果蝇来取食、产卵。果蝇的加入，使得酸腐病的发展更加迅速，有时甚至在短短几天之内就可以造成大量的果穗腐烂。

果蝇的繁殖速度相当惊人，在气候条件适宜的条件下，一头雌成虫可以产卵500～900粒，经过10～12天，卵就可以发育为成虫继续繁殖下一代。

不同的葡萄品种对酸腐病的抗病性差异很大。巨峰、里扎马特、赤霞珠、雷司令、霞多丽、无核白等都比较感病。一般来说，紧穗型品种、果皮薄的品种由于容易裂果，抗病性都比较差。

酸腐病的发生是由多种因素综合作用的结果，其中最主要的是果实的伤口，其次是温暖潮湿的气候，而引起果实腐烂的病菌和果蝇对病害发展的重要性则相对较低。因为没有伤口，葡萄果实就根本不可能发病。而即使有伤口的存在，干燥的气候条件也可以使得伤口迅速愈合，病害也会发生很轻。而一旦在潮湿温暖的条件下果实表面出现伤口，则存在于表面的醋酸菌、酵母菌和其他微生物自然就可以轻松侵染。果蝇对病害的发展只是起到了一个加速器的作用，它不能决定病害的发生与否。

【防治策略】 对于引起酸腐病的各种微生物目前还没有特效药。而果蝇繁殖迅速，抗药性发展很快，很多杀虫剂的效果也不是很好。因此，从防治策略上考虑，我们能够控制的最主要的因素是通过各种措施来减少果实的伤口；其次是通过改变田间小气候，降低田间湿度，延缓病害发生。

防治方法

（1）减少果实表面伤口 加强花穗修整，及时疏果使果穗松散，避免因果实挤压而裂果；预防鸟害、虫害（蓟马、胡蜂等）、冰雹等。另外，白粉病为害果实也可以造成裂果，因此，在白粉病严重的地区，要首先通过预防白粉病来控制酸腐病。

（2）改变田间小气候 在我国南方温暖多雨的地区，避雨栽培是一个非常好的措施。可以避免田间积水，降低田间湿度。另外，高垄栽培，及时剪除副梢，通过修剪使葡萄架内更加通风透光，摘除下部老叶片等措施都可以有效减轻酸腐病以及其他病害的为害。

（3）防治果蝇 可以选择的药剂有2.5%功夫乳油2 000～3 000倍液、10%高效氯氰菊酯乳油1 500～2 000倍液、1.8%阿维菌素乳油3 000倍液、75%灭蝇胺可湿性粉剂4 000～6 000倍液。以上药剂要交替使用，以免有抗药性产生。

（4）防治病原微生物 目前还没有特效的杀菌剂防治酸腐病。一般来说铜制剂可以增加葡萄果皮厚度并对酸腐病菌有一定的抑制作用。可以选择80%多宁或者80%必备等药剂400倍液喷果穗，有一定的效果。

十三、葡萄日灼病与气灼病（Grape sunscald）

【症状】 两种病害都是由于在果实生长期间温度过高造成的生理性病害。日灼病除为害幼果以外，还可以为害幼嫩的果柄和穗轴。通常位于果穗朝西南面的果实容易受害，果实的被害部位都是向阳面。被害的幼果最初在果实表面出现失绿、豆粒大小的病斑，受害部位微凹陷，逐渐扩大呈近圆形，最后变成褐色凹陷的病斑。穗轴被害后，其下面的果粒就会逐渐失水干枯，容易与白腐病和房枯病混淆。

葡萄日灼病果实

葡萄日灼病病果　　　　　　　葡萄气灼病症状

气灼病也是以为害幼果为主，一般靠近地面的果穗容易受害。被害果粒不仅仅局限在果穗的向阳面，而是在果穗上的任何部位都有发生，被害果实开始时果皮上颜色变浅，逐渐失绿、失水呈浅褐色病斑。

【病因】　日灼病是在幼果生长期遇到强光照高温所致。据研究，当温度达到36℃，时间达到4～5小时，或者39℃超过1.5小时就会发生日灼病。主要原因是由于长时间的日晒使果皮表面温度过高，表皮组织细胞膜透性增加，水分过度蒸腾，导致表皮坏死出现日灼症状。

气灼病的发生也是高温所致。根本原因是由于在夏季高温季节，特别是连阴天以后的暴晴天，叶片的蒸腾量很大，当根系由于土壤缺水或者其他原因造成吸收的水分不能满足蒸腾时，叶片就会因为缺水而导致渗透压增高，当叶片的渗透压高于果实时，果实内的水分就会被叶片夺走。另外，雨后骤晴，地面急剧产生热气流，也可以使得果实内部水分代谢失调，再加上高温引起的果实本身的蒸腾量增加，从而引发气灼病。

防治方法

（1）果穗附近要多留叶片，不要让果穗直接暴露在阳光直射下。

（2）秋后深耕，增施有机肥促进根系生长，增强根系吸收水分的能力。

（3）夏季高温季节要及时灌水，满足根系对水分的吸收。

（4）果穗套袋，最好采用专用的防日灼套袋，不仅可以防止日灼，对其他病害也有很好的预防作用。

十四、葡萄后期果梗干枯落粒（Grape fruit shedding）

【症状及可能原因】　确切原因尚无定论。根据各地病害发生以及药剂防治的效果看，不同地区病害发生的主要原因可能有所不同。黄河流域的冀、鲁、豫以及陕西、新疆等地，可能主要是低等真菌侵染和果穗营养供应不足所致，南方各地可能是溃疡病与果穗营养供应不足为主要原因。

葡萄果梗干枯

果梗干枯导致果实失水

1．病菌侵染

（1）溃疡病菌侵染　主要为害树干和枝条，也为害果梗穗轴。从果实膨大到成熟都可以发病，大多数是果梗干枯，有的主穗轴也出现变色甚至干枯，果粒不太容易脱落。在南方果园的生长后期容易并发灰霉病。

（2）低等真菌侵染　主要包括霜霉病菌和腐霉病菌。表现发病时期是在果穗进入转色期以后，首先是果梗变色，随后是果实靠近果梗附近颜色加深、瘪缩，进而果粒脱落，严重时整个果穗的果粒全部脱落。在病害严重的果园，表现果梗甚至主穗轴变色，果粒不失水瘪缩直接脱落。田间用世高、爱苗、福星、多菌灵等药剂防治均表现无效。在套袋红地球葡萄果穗的穗轴上可以偶尔发现霜霉病。露地巨峰葡萄发病果穗经过保湿长出大量白色腐霉菌丝。

2. 果穗营养供应不足

（1）果树负载量过大　靠连年追施大量化肥维持高产，将导致葡萄树势逐渐衰弱。总体上看，越是只重产量、不重质量的地区，这种病害的发生就越是严重。而那些控产做得好、管理精细的果园该病的发生就相对轻。

（2）天气原因　在葡萄果实膨大期遇到连续阴天，或者果园积水，导致光合作用下降，叶片制造养分、根系吸收养分的能力下降，果穗需要的营养供应不足。当果穗的养分需求与树体的养分供应短期内突然出现巨大差距时，果穗就会因"饥饿"而出现果粒脱落。

防治方法

（1）控制产量　葡萄品种、气候、施肥水平以及管理水平都是影响葡萄产量的重要因素。各地需要根据当地情况灵活掌握，在保证葡萄品质的前提下，可以适当提高产量，增加效益。

（2）增施有机肥　有机肥是影响葡萄品质和产量最重要的因素之一，一般当年秋季有机肥的施入量，要达到全年肥料施入总量的70%左右。一般亩*产2 500千克的果园，每亩施入有机肥的量不能低于5 000千克。

（3）喷施叶面肥　喷施叶面肥是对根系吸收养分的很好补充，对提高产量改善品质有很大帮助。特别是在葡萄开花坐果前后，以及果实膨大期是葡萄需要养分的高峰期，喷施叶面肥可以弥补葡萄暂时的营养不良，对预防果实脱落有一定的帮助作用。

（4）防治时期和防治药剂　落花后：落花后1个月内，由于果梗穗轴以及幼果都处于相对幼嫩时期，是各种穗轴病害和果实病害侵染的关键时期，大多数后期发病的果实和穗轴病害都是在此时期侵染的。因此落花至套袋前喷施2～3次优质杀菌

---

* 亩为非法定计量单位。1亩≈667米²，15亩＝1公顷。

剂，是保证果穗无病的重要措施。第一次药剂可以用阿米西达1 500倍液；第二次可以用世高1 500倍液+金雷600倍液；第三次选择阿米妙收2 000倍液+瑞凡2 000倍液。

套袋前：对于套袋葡萄，套袋前药剂处理果穗是预防多种果梗病害与果粒病害的重要措施。对于北方葡萄园，可以用25%阿米西达悬浮剂1 500倍液+25%瑞凡悬浮剂2 000倍液处理果穗；对于南方葡萄园，可以用32.5%阿米妙收悬浮剂2 000倍液+50%卉友水分散粒剂5 000倍液+瑞凡2 000倍液处理果穗。果穗施药应避免阴天或者傍晚进行，施药后要在药液彻底晾干后再套袋，以免产生药害。

封穗前：对于不套袋葡萄，为了把药剂能喷到果穗内部和果梗穗轴上，封穗前必须要喷施一次对症药剂。药剂的选择与套袋葡萄处理果穗的药剂相同。

常规防治：对于病害严重的果园，在葡萄硬核期前后要进行重点喷药，可以选择世高+金雷、阿米西达+瑞凡、爱苗+烯酰吗啉、阿米妙收+金雷等药剂组合交替喷施3~4次。除对果梗干枯落粒病害有防治效果外，对果穗上的其他多种病害以及叶片霜霉病都有很好的效果。

十五、葡萄裂果（Grape fruit split）

【发生原因】　最重要的原因是在葡萄膨大后期土壤水分剧烈变化。一般在葡萄果实膨大期降雨少，土壤比较干旱，后期突然降雨量增加或者浇一次大水，葡萄就容易产生裂果。主要是因为葡萄果实短时间内吸收大量水分，使得果实膨胀压力增加，当果皮不能耐受膨胀压力时，果实就会崩裂。

其次，葡萄不同品种之间对裂果的抗性也有很大差异，一般果皮偏厚的品种裂果发生轻，果皮薄的品种裂果发生重。另外，

发生白粉病的幼果很容易随着果实生长出现裂果；果穗没有拉长，生长过于紧密也容易因为果粒之间的挤压造成裂果。果实膨大激素使用不当，包括浓度过高、混配种类或者混配比例不当也可以增加裂果发生。

葡萄裂果

防治方法

（1）保持土壤水分稳定　要经常保持土壤水分均衡，不要忽干忽湿。在土壤缺水的情况下，如果需要浇水尽量不要大水漫灌，可以采取在葡萄行间开沟浇水的方法。在南方的多雨地区，要采用高垄栽培，以便于在大雨过后及时排水。

（2）喷施钙肥　增施钙肥可以使葡萄果皮增厚，从而可以降低裂果的发生。钙肥的使用一定要在早期，而不是到裂果发生以后再用。一般从落花后到转色之前，至少喷施2～3次钙肥。钙肥的种类很多，质量高低不一，要选用质量好的产品。

十六、葡萄卷叶病毒病（Grape leafroll virus）

【症状】　卷叶病毒病的典型症状是叶片从边缘向下翻卷，春季刚长出的新叶症状不明显，随着葡萄的生长，夏季症状开始逐渐显现出来，秋季表现最明显。得病叶片变得厚而脆，严重的卷成桶状。红色品种基部的老叶片变成暗红色卷叶，并逐渐向上发展，有时整株的叶片都呈红色卷叶。白色品种的叶片虽然不变红，但叶脉间褪绿，叶片变厚、变脆。植株染病后果实变小，着色不良，成熟期延迟，根据病害的严重程度不同，可以造成减产10%～70%，含糖量降低25%～50%。卷叶病毒病在酿酒葡萄上表现明显症状，在鲜食葡萄上症状不明显，但对葡萄果实的品质和产量也有很大的影响。

卷叶病毒病叶片症状

卷叶病毒病田间为害症状

【病原】 目前对引起卷叶病毒病的病原尚未完全搞清楚。现在初步查明的有三类病毒可以引起卷叶病毒病。分别是葡萄卷叶相关黄化病毒组1-5（GLRaV 1-5），葡萄A病毒（GVA）和葡萄P病毒（GVP）。

【病原传播】 长距离的传播主要是通过带毒的苗木。从病株上采下的接穗、用带毒的砧木嫁接都是传播卷叶病毒的重要途径。砧木带毒大多数不表现症状，因此通过砧木传毒很难控制。在果园内生长期的传播途径还不是完全清楚，几种粉蚧和软介壳虫可以传播卷叶病毒。另外在一些地区发现，绿盲蝽为害严重的果园卷叶病毒病也相对严重。

🌿 防治方法

（1）从没有病毒病的地区购买苗木。

（2）栽植脱毒苗木，由于接穗和砧木是病毒传播的主要途径，因此，种植脱毒苗是预防卷叶病毒最有效的方法。

（3）防治病毒传播媒介昆虫，生长期防治介壳虫可以减少病毒病在田间的传播。

十七、葡萄扇叶病毒病（Grape fanleaf virus）

【症状】　葡萄扇叶病毒病的症状表现非常复杂，不同病毒株系、不同葡萄品种和环境差异都可以使症状表现差异很大。一般把扇叶病毒症状分为扇叶型、黄叶型和脉带型三种类型。①扇叶型表现为植株生长矮化，叶片变小，扇形不对称，叶柄两侧的叶片边缘平展，开张角度接近180°。发病严重的叶片扭曲，叶缘呈锯齿状，和2,4-D中毒症状非常相似。②黄化型病株早春先在叶片上出现一些分散的黄色斑点，逐渐发展，有时整个叶片都黄化。③脉带型的症状表现为沿叶脉形成淡绿色和色带状斑纹，逐渐向叶脉之间扩展，形成黄带，叶片不变形。

葡萄扇叶病毒病叶片

葡萄扇叶病毒病症状

扇叶型症状

【病原】 为葡萄扇叶病毒（Grape fanleaf virus）。

【病原传播】 该病的远距离传播主要通过带毒的苗木传播。植株间主要通过嫁接和土壤中的线虫进行传播。

防治方法

(1) 购买苗木前要进行病毒检测，或在无病区购买葡萄苗木。

(2) 种植脱毒苗，建立自己的无病毒苗圃。

(3) 土壤消毒消灭线虫，消毒药剂可以采用溴甲烷或棉隆。

十八、葡萄皮尔斯病（Grape pierce's disease）

【症状】 皮尔斯病是一种系统性的维管束病害。表现的症状主要是春季发芽晚，枝条生长缓慢，节间缩短，叶片边缘焦枯，并逐渐扩展到全叶。病叶会早期脱落，但叶柄仍然留在枝条上。在枝蔓上最初侵染的位置，病害的症状可以向上、向下两个方向发展。发病早的枝蔓上的花穗干枯。被害枝条在秋季不能正常成熟，在一条枝蔓上，没有成熟的部分仍然呈绿色，形成所谓的"绿岛"现象。病枝上的果实停止生长、萎蔫，没有成熟就转色。枝条上的"绿岛"症状和叶柄不脱落是该病的最重要的两个特征。

皮尔斯病叶片

皮尔斯病叶片和枝条

皮尔斯病
田间发生状

【病原】　引起葡萄皮尔斯病的是一种革蓝氏阴性细菌 *Xylella fastidiosa* Wells et al.。

【传播途径和发生特点】　该病是一种检疫性病害，在我国目前尚未发现。它的为害相当严重，在欧洲和美洲就因为该病的为害导致很多感病葡萄品种大面积毁种。在感病品种上1～2年就可以导致整株葡萄死亡，稍抗病的品种可以坚持到5年。因此，在我国必须引起足够的重视，防止该病随着葡萄苗木而引进。该病在田间是靠叶蝉和沫蝉等直接刺吸木质部导管营养的昆虫来传播的。虫害发生的轻重对病害在田间的扩展有决定性的影响。研究证明，介体昆虫的飞翔活动能力很强，在2个小时内可以扩散到180米远。该病也可以通过嫁接传播，有病的砧木或接穗都可以将病菌传播到新生的幼苗上。

该病原细菌有多个株系，可以侵染30多个科150多种栽培和野生植物。例如桃树、杏、李子、橡树、樱桃、梨、咖啡、柑橘、夹竹桃、无花果等都是皮尔斯细菌的寄主。这些寄主植物大多数都不表现症状。它们中到底哪些可以和葡萄互相传染，目前尚未搞清。因此，这些众多的野生寄主植物都可能是葡萄皮尔斯病的潜在的菌源。

葡萄的种类间抗性差别很大，包尔魁氏葡萄、钱平氏葡萄、沙葡萄、圆叶葡萄等抗病性很好。这些抗性种类在感染后表现很轻微的症状或没有病害症状。

防治方法

（1）由于目前我国尚未发现该病，因此，严格检疫是预防该病最关键有效的措施。检疫对象应该包括病菌检疫和传播介体检疫。两方面的检疫都具有同等的重要性。

（2）在已经发病的地区，要种植抗病品种或采用抗病砧木嫁接。同时要及时防治介体昆虫叶蝉，特效药剂是25%阿克泰水分散粒剂5 000～10 000倍液、20%吡虫啉可溶性粉剂2 000～3 000倍液。

十九、葡萄毛毡病（缺节瘿螨）（Grape erinum mite）

【症状】 主要为害叶片，发生严重时也为害葡萄的嫩梢、卷须、幼果等部位。叶片受害后在背面出现白色的病斑，叶片组织因受到瘿螨的为害刺激而长出密集的绒毛，螨虫就集聚在绒毛处为害。因其为害症状与病害症状非常相似，故而也称为"毛毡病"。病斑处的绒毛开始为白色，颜色逐渐加深为深褐色。被害叶片正面由于受到瘿螨的为害刺激，变形呈泡状凸起。

毛毡病叶片初期症状（叶背面白
色霉状物）

毛毡病叶片背面初期症状

毛毡病叶片正面症状

毛毡病叶片背面后期症状（霉层
斑变成褐色）

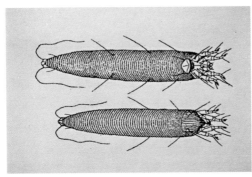

引起毛毡病的虫体

【病原】 属于节肢动物门、瘿螨科、缺节瘿螨属 *Colomerus vitis* (Pagenstecher)，异 名 *Eriophges vitis* Nalepa (Pegenstecher)。以前也叫作葡萄锈壁虱。该虫虫体非常小，长约0.2毫米，

宽约0.05毫米，圆锥形，白色或灰色。必须借助放大镜或显微镜才能看清楚虫体的特征。该病在田间主要靠叶片上的为害症状来判断。

【发生规律】 一年发生7代，以成螨在芽鳞绒毛内、粗皮裂缝内和随落叶在土壤内越冬。其中以幼嫩枝条的芽鳞内越冬虫口最多，多者可达数百头。春季葡萄发芽后，越冬的成虫从芽内迁移到幼嫩叶片上潜伏为害，刺吸植物营养。受到为害的部位表皮绒毛增生，形成特有的"毛毡病"症状，成、若螨均在绒毛内取食活动，将卵产于绒毛间，绒毛对瘿螨具有保护作用。该虫一般是先在基部1、2叶背面为害，随着新梢生长，逐渐由下向上蔓延。5、6月发生严重，7、8月的高温多雨对瘿螨有一定的抑制作用。9月份气温降低以后，又有一个小的为害高峰。秋季以枝梢先端嫩叶受害最重，入冬前钻入芽内越冬。

【防治关键时期】

春季葡萄芽膨大吐绒时，瘿螨开始向刚发芽的嫩叶上转移，此时是全年防治的关键时期。这个时期可以用3～5波美度的石硫合剂加0.3%洗衣粉喷雾，既可以防治瘿螨，又可以同时防治其他多种病害。

防治方法

（1）秋天葡萄落叶后彻底清扫田园，将病叶及其病残物集中烧毁或深埋，以消灭越冬虫源。

（2）早春葡萄萌芽后展叶前喷3～5波美度的石硫合剂，药液中可加0.3%洗衣粉，可提高喷药效果。

（3）葡萄展叶后，若发现有被害叶，应立即摘除，并喷药防治。防治的药剂可以采用0.2～0.3波美度石硫合剂，或5%霸螨灵悬浮剂1 000～2 000倍液，或50%苯丁锡可湿性粉剂1 000倍液，或73%克螨特乳油2 000～3 000倍液，或40%乐果1 000

倍液等药剂。需要特别注意的是，在葡萄上请不要使用三氯杀螨醇防治螨类害虫，因为这种药剂在生产过程中含有一定量的DDT，使果实DDT残留超标。

（4）选用无病害苗木。毛毡病可随苗木或插条进行传播，最好不从病区引进苗木。对于从病区引进的苗木，定植前必须先进行消毒处理，方法是把苗木或插条先放入30～40℃温水中浸3～5分钟，然后再移入50℃温水中浸5～7分钟，可杀死潜伏在芽内越冬的锈壁虱。

二十、葡萄绿盲蝽（Grape green leaf bug）

【症状】　绿盲蝽以刺吸式口器为害葡萄的嫩叶、芽和花序。被害叶片呈红褐色，针头大小的坏死点，随着叶片的展开，被害处形成撕裂或不规则的孔洞，并发生皱褶。由于该虫体积小，发生早，昼伏夜出，为害初期症状不明显时很容易被人们忽视，常常因为防治不及时，造成叶片破碎不堪，极大地影响光合作用。

绿盲蝽成虫

绿盲蝽若虫

绿盲蝽为害后造成叶片撕裂状　　　　　　绿盲蝽为害叶片症状

绿盲蝽为害幼果症状　　　　绿盲蝽为害的幼果长大后表皮
　　　　　　　　　　　　　木栓化

【分类及形态特征】　绿盲蝽 *Lygus lucorum* Meyer‐Dur 属于半翅目，盲蝽科。成虫呈长椭圆形，长5毫米左右，浅绿色，触角和足褐色，前胸背板上密布小黑点，小盾片上有2个黄色斑。若虫头、胸、腹均为浅绿色，密生黑色绒毛，翅芽顶部黑绿色，触角、足褐色。

【发生规律】　在山东，河北一带每年发生4～5代。但以第一代为害葡萄严重。该虫以卵在葡萄茎蔓皮缝和芽眼间或其他果树的断枝上越冬，翌年4月中旬，平均气温在10℃以上孵化为若虫，若虫和成虫都可以造成为害，5月上旬葡萄新梢展叶期进入为害高峰，对叶片破坏极大，直接影响葡萄正常生长。该虫有白天潜伏、夜间活动、喜迁飞、食性杂的特点。到5月底、6月初成虫从葡萄上迁飞到杂草、棉花或其他果树上为害。8月下旬出现第四或第五代成虫，10月上旬产卵越冬。

防治方法

(1) 葡萄园应尽量远离其他果树或棉花，减少越冬地成虫的迁入。

(2) 清除园内外的杂草，消灭杂草上的虫源。

(3) 药剂防治。春季葡萄展叶后，发现若虫为害要立即喷药防治。较好的药剂有22%阿立卡1 500倍液、2.5%功夫乳油2 500～3 000倍液+40%马拉硫磷乳油1 000倍液，或者10%吡虫啉1 000倍液+2.5%功夫乳油1 500倍液。由于很多绿盲蝽都生活在田边地头的杂草上，因此，除葡萄以外，田边地头的杂草上也要喷药，以便彻底消灭害虫。

二十一、葡萄叶蝉（Grape leafhopper）

【症状】 以成虫、若虫集聚在叶片背面吸食汁液，被害叶片

葡萄二黄斑叶蝉

葡萄二黄斑叶蝉及其为害状

葡萄二黄斑叶蝉成虫

葡萄二黄斑叶蝉成虫

葡萄斑叶蝉成虫

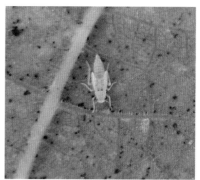

葡萄斑叶蝉若虫

葡萄叶蝉为害叶片症状

表面形成密集的针头大小的白色斑点，为害严重时白点连成一片，使叶片失绿苍白，最后脱落。

【分类及形态特征】 葡萄叶蝉的种类主要有两种：一种是葡萄二黄斑叶蝉 *Erythroneura* sp.；另一种是葡萄斑叶蝉，也叫葡萄小叶蝉 *Erythroneura apicalis*（Nawa）。两种叶蝉都属于同翅目，叶蝉科。

斑叶蝉成虫体长大约 3.0～3.5 毫米，越冬型成虫红褐色，其他世代成虫淡黄白色，头顶有两个明显的黑色圆斑，前胸背板前缘有几个淡褐色小斑点，在不同个体中变化较大。小盾片前缘左右各有一个明显的黑斑。翅半透明，黄白色，上有不规则的淡褐色条纹。

二斑叶蝉比斑叶蝉体形稍小，体长约 3 毫米。头胸部淡黄色，复眼黑色，头顶前缘有两个黑色小斑点。前胸背板前缘有 3 个黑色小斑点，前翅大部分为褐色，后缘各有 2 个淡黄色半圆形斑，两翅合拢时正好形成两个近圆形的淡黄色斑。该虫的名字也由此而来。

【发生规律】 葡萄斑叶蝉年发生 2～3 代，葡萄二斑叶蝉每年发生 3～4 代。两种叶蝉都是以成虫在杂草落叶或土石缝隙中越冬，第二年早春葡萄发芽抽枝前先在杂草或其他发芽早的树木上为害，4 月下到 5 月初葡萄展叶后，逐渐转移到葡萄上产卵并为害，卵产在叶片背面叶脉内或绒毛下。除 5 月中下旬第一代若虫发生相对比较集中以外，其余各世代成虫、若虫发生严重世代重叠。为害特点是先从新梢基部的老叶片开始，逐渐向上蔓延为害，不喜欢为害嫩叶。管理粗放、杂草丛生、郁闭潮湿的果园发生严重。

防治方法

（1）秋后彻底清除园内杂草及枯枝落叶，减少成虫越冬场所。

（2）生长期及时摘心、整枝，增加葡萄的通风透光性。

（3）生长季节及时铲除田边地头的杂草，减少叶蝉的栖息地。

（4）春季第一代若虫发生期是全年喷药防治的关键时期，药剂可以选用25%阿克泰7 000～10 000倍液、2.5%功夫3 000倍液、20%吡虫啉乳油2 000～3 000倍液，效果都非常好。

二十二、葡萄斑衣蜡蝉（Chinese blistering cicada）

【症状】 以成虫、若虫刺吸葡萄枝蔓和叶片的汁液。由于其刺吸幼嫩叶片留下的为害点常常坏死，因此，随着叶片的生长导致长成的老叶片破裂、穿孔。发生严重时其排泄物经常使得叶片、枝条甚至果实表面像刚刚喷过水，这些排泄物在炎热的夏季很容易发霉变黑，严重影响叶片的光合作用和果实的商品性状。该虫除为害葡萄外，还可以为害杏、桃、梨等果树。在树木中最喜食椿树、臭椿树。

【形态特征和分类】 斑衣蜡蝉（*Lycorma delicatula* White）属于同翅目，蜡蝉科。成虫体长15～22毫米，虫体灰黑色，表面有较厚的白色蜡质层。前翅革质，基部大约2/3为淡灰黄色，表面有黑色斑点10～20个，端部淡黑色，脉纹淡白色。后翅基部为鲜红色，上有黑点，中部白色，端部黑色。若虫头部呈突角状，1～3龄若虫为黑色，虫体表面有许多白色斑点。末龄若虫虫体为红色，体表有黑色的斑纹和白色的斑点。

【发生规律】 每年发生一代，以卵在葡萄枝蔓、架材和树干等部位越冬。第二年春季5月越冬卵陆续孵化，经过4次蜕皮后，6月中下旬至7月下旬陆续羽化为成虫。大约8月中下旬开始交尾产卵，10月下旬成虫陆续死亡。成虫寿命很长，最长可达4个月左右。若虫经常群集在葡萄顶梢嫩叶背面为害，成虫和若虫的弹跳能力很强，受到惊扰后猛然跳起，一次跳跃可达1～2米。

斑衣蜡蝉成虫

葡萄斑衣蜡蝉　　　　　　斑衣蜡蝉若虫

防治方法

（1）葡萄园周围不要栽植臭椿等斑衣蜡蝉喜食的寄主树木，以减少虫源。

（2）结合冬季修剪和果园管理，除去架材、枝蔓上的越冬卵块。

（3）春季5月份若虫刚刚孵化后是防治的关键时期。此时的若虫大部分喜欢集聚在嫩梢上为害取食，而且此时害虫的龄期小，抗药性不强，非常容易防治。采用的药剂有2.5%功夫水乳剂3 000倍液、5%高效氯氰菊酯乳油1 500倍液、2.5%溴氰菊酯乳油2 000倍液。

二十三、葡萄透翅蛾 (Grape clear wing moth)

【症状】 主要为害嫩梢和1～2年生枝条。被害部位膨大，枝条内部木质部被幼虫蛀食成较长的隧道，致使水分输导受阻，被害新梢叶片枯萎变黄直至脱落。幼虫多从叶腋处蛀孔钻入新梢，蛀孔的边缘呈紫红色，周围有明显堆积的虫粪。

【分类及形态特征】 葡萄透翅蛾 *Paranthrene regalis* Butler 属于鳞翅目，透翅蛾科。成虫体长18～20毫米，翅展32～36毫米，全体黑褐色。粗看像大黄蜂。头部、颈部、后胸两侧、下唇须第3节与腹部各环节橙黄色。前翅红褐色，前翅前缘、外缘及翅脉黑色，后翅半透明。雄蛾腹末端左右有长毛丛一

透翅蛾成虫交配

束。卵扁平椭圆形，长径约1.1毫米，紫褐或红褐色。幼虫共5龄，老熟体长约37毫米左右，头部红褐色，口器黑色，胸腹部黄白色，老熟时紫红色，前胸背板有倒"八"字形纹。蛹长约18毫米左右，红褐色，腹背第2～6节具刺2行，第7～8节背面具刺一行，末节腹面具刺一行。

【发生规律】 此虫一年发生1代，以幼虫在被害枝蔓中越冬。第二年的春季5月上旬越冬幼虫开始活动，幼虫先是在越冬处向外咬一圆形羽化孔，然后吐丝做茧在里面化蛹。蛹期25天左右。化蛹期与发蛾期常因地区和寄主不同而异，河南、山东、辽宁、河

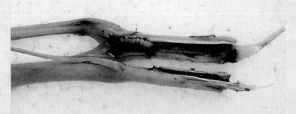

透翅蛾幼虫为
害果穗穗轴

透翅蛾幼虫
钻蛀枝条

北等地5月上中旬为始蛹期，6月初为始蛾期。成虫行动敏捷，飞翔力强，有趋光性，雌蛾羽化当日即可交尾，次日开始产卵，产卵期1～2天，卵散产于葡萄嫩茎、叶柄及叶脉处，单雌平均卵量为45粒，卵期10天左右。初孵幼虫多由葡萄叶柄基部及叶节处蛀入嫩茎，然后向下蛀食，蛀孔外常堆有虫粪。较嫩枝受害后常肿胀膨大，老枝受害则多枯死，主枝受害后造成大量落果。幼虫可转害1～2次，以7～8月为害最厉害。10月以后还可以继续向老枝条或主干蛀食。老熟幼虫最后转移到1～2年生枝条上越冬。

防治方法

（1）在新葡萄种植区，引进葡萄苗木时一定要仔细检查，发现有被害症状的苗木一定要烧毁，并用敌敌畏等杀虫剂彻底消毒。

（2）剪除被害枝条。冬前修剪或春季修剪时要注意把被害膨大的枝条彻底剪除，并集中烧毁，消灭越冬幼虫。夏季在5～7月份也要经常检查，发现枝条肿大、叶片枯萎等症状要及时剪除烧毁。

（3）对于不宜剪除的粗枝条，可以用铁丝从被害孔口处插入杀死里面的幼虫，也可以用50%敌敌畏乳油500倍液灌入孔口，用泥堵死，杀死幼虫。

（4）在成虫羽化期，要喷施杀虫剂2次，间隔期10天左右。药剂可以选择40%福戈4 000倍液，或14%福奇1 500倍液、2.5%功夫水乳剂2 000～3 000倍液、40%乐果乳油1 000倍液、5%美除乳油1 000倍液、2.5%溴氰菊酯乳油2 000倍液、1.8%阿维菌素3 000倍液等。

二十四、葡萄根瘤蚜（Grape phylloxera）

【症状】　主要以成虫、若虫刺吸葡萄叶片和根系的汁液养分。叶片被害后在背面出现很多粒状虫瘿。根系受害后在须根上形成小米粒大小的根瘤，主根上则形成较大的瘤状根结。经过夏季的雨季，根瘤皮层逐渐绽裂，最后局部溃烂，造成树势衰弱，甚至整株枯死。欧洲葡萄品系只有根部受害，而美洲品系则叶片和根部都可以受害。

【形态特征及分类】　葡萄根瘤蚜（*Vitieus vitifolii* Fitch, *Phylloxera vitifolii* Fitch）属于同翅目根瘤蚜科。葡萄根瘤蚜只为害葡萄。葡萄根瘤蚜有根瘤型、叶瘿型、有翅型、有性型四种类型。

（1）根瘤型　成虫无翅，体卵圆形，污黄或鲜黄色，无腹管，体长1.2～1.5毫米，宽0.75毫米。体背各节有灰黑色瘤。眼红色，

葡萄根瘤蚜为害叶
片背面形成的叶瘿

葡萄根瘤蚜叶瘿型
叶片症状

叶瘿型根瘤蚜
叶片背面症状

根瘤蚜根部症状

由3个小眼组成。触角3节，第三节最长，其端部有一圆形或椭圆形感觉圈，末端有刺毛3根。卵淡黄至黄色，有光泽，长椭圆形，长0.3毫米，宽0.15毫米。若虫共分4龄。

（2）叶瘿型　成虫体背无黑色瘤，体表有细微凹凸皱纹，背部隆起近圆形，全体生有短刺毛，腹部末端有长刺毛数根。

（3）有翅型　成虫体长0.9毫米，宽0.45毫米，长椭圆形，体前宽后窄，翅平叠于体背。触角第三节有感觉圈两个，一在基部，近圆形；另一在端部，长圆形。前翅前缘有长形翅痣，缺第一径脉，径分脉形成翅痣的内缘，有中脉、肘脉和臀脉3根斜脉；后翅仅有径分脉。

（4）有性型　雌成虫体长0.38毫米，宽0.16毫米，无口器、无翅，体黄褐色。有性雄成虫外生殖器乳头状突出于腹末端。有性蚜所产大卵孵出雌蚜，小卵孵出雄蚜。

【发生规律】　葡萄根瘤蚜目前还是一个检疫性害虫，对葡萄具有毁灭性的危害。最早是在1892年由法国传入我国山东的烟台，后来扩散到辽宁的部分地区。由于检疫制度不严格，近几年已经在湖北、上海等地发现了葡萄根瘤蚜的为害。

葡萄根瘤蚜在美洲野生葡萄、美洲系葡萄品种或用美洲系葡萄作砧木的欧洲系葡萄品种上有完整的生活周期，既有叶瘿型症状又有根瘤型症状。在欧洲系品种上生活周期不完整，只有根瘤型，而无叶瘿型。根瘤型每年发生5～8代，叶瘿型7～8代，主要以根瘤型成虫在较深根际越冬，间或以有性蚜交配产卵越冬。在我国发生的根瘤蚜主要以根瘤型为主。以初龄若虫在表土和粗根的缝隙中越冬，春季4月份开始活动，春季5～6月份和秋季9月份是蚜虫发生的两个高峰期。夏季的降雨常使被害根腐烂，促使蚜虫向表层的须根转移，形成很多菱形的小根瘤。

根瘤蚜的卵和若虫对低温的耐受力很强，在温度达到－14～－13℃时才可以被冻死。月平均100～200毫米的降雨量最适合繁殖，雨量过大或根部淹水时间长，可以抑制根瘤蚜的发生。黏性土壤比较适合根瘤蚜的发生，而沙土或沙壤土则对其发生不利。

根瘤蚜的近距离传播主要靠风力、雨水、劳动工具和水流等。远距离的传播主要是靠从疫区调运苗木、插条、砧木。

防治方法

（1）严格检疫，禁止从疫区调运苗木是防止该虫进一步扩散的最重要的措施。

（2）苗木消毒。从可疑地区调运的苗木必须进行药剂处理。可以采用50%辛硫磷乳油1 500倍液浸蘸苗木1分钟，也可以用25%阿克泰3 000～5 000倍液浸蘸苗木3～5分钟。

（3）土壤处理。在已经发生根瘤蚜的地区可以采用辛硫磷处理土壤，方法是每亩地用50%辛硫磷250克与50千克细土混匀施入葡萄根部。国外用六氯丁二烯处理土壤效果也很好，每平方米用药15～25克，药效期可以持续2～3年。不仅能消灭根瘤蚜，还可以刺激根和叶的生长，有明显的增产作用，对土壤养分及有益微生物没有不良影响，在葡萄果汁中也没有残留。

（4）尽量选择沙土地或沙壤土建果园、苗圃。

（5）选择抗虫砧木，不同的品种间抗性差异很大，选择抗虫砧木嫁接可以显著减轻为害。

（6）防治叶瘿型根瘤蚜，可以选择20%吡虫啉乳油3 000倍液，或者25%阿克泰5 000倍液喷雾。

二十五、葡萄天蛾（Grape horn worm）

【症状】　以幼虫为害叶片，大龄幼虫食量非常大，喜欢取食顶部嫩叶，经常发生嫩梢顶部叶片被葡萄天蛾吃光的现象。

【形态特征和分类】　葡萄天蛾又叫葡萄车天蛾（*Ampelophaga rubiginosa* Bremer et Grey），属于鳞翅目天蛾科。成虫体长大约38～45毫米，翅展约90毫米，体形纺锤形，茶褐色，体背中央有一条灰白色背线，前翅有4～5条暗褐色条纹，前缘近顶尖处有一个暗褐色三角形斑。后翅基本为黑褐色，边缘颜色较浅。卵呈绿色球形，直径大约1.5毫米。幼虫体长70～80毫米，大多数为绿色，也有少数个体为灰褐色，头部有两对黄白色平行线，体背各节有八字纹，气门圆形，红褐色，尾角绿色，不是很长，胸足红褐色，基部外侧黑色。

葡萄天蛾幼虫

葡萄天蛾成虫

【发生规律】　每年发生1～2代，以蛹在土壤中或树下的杂草覆盖物下面越冬，第二年5月末至7月初越冬成虫羽化，6月中旬为成虫盛期，成虫寿命7～10天，昼伏夜出，飞翔力强，有趋光性，每雌产卵大约150～180粒，多散产于嫩梢或叶片背面，卵期6～8天。幼虫白天静伏于叶片背面，夜间取食。幼虫期30～45天，高龄幼虫食量非常大，常把局部的叶片吃光。7月中旬幼虫开始钻入

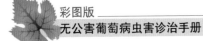
葡萄架下面的土壤中化蛹，蛹期15～18天，8月上旬就可以见到第二代幼虫为害，进入9月下旬以后幼虫陆续就近入土化蛹。

防治方法

（1）北方地区可以结合冬前的埋土防寒，有意识地挖除越冬的害虫蛹。

（2）利用成虫的趋光性，在成虫发生期用黑光灯诱杀成虫。

（3）在发生较轻的果园，可以结合田间操作进行人工捕杀幼虫。

（4）在发生严重的果园，必须要进行药剂防治。防治的药剂可以采用2.5%功夫水乳剂3 000倍液，或福戈3 000倍液、福奇1 500倍液、5%美除乳油1 000倍液、2.5%溴氰菊酯乳油3 000倍液、5%高效氯氰菊酯2 000倍液等。

二十六、葡萄褐盔蜡蚧（Grape scale）

【症状】 以若虫和成虫刺吸枝叶、果实，吸食植株营养。由于成虫和幼虫都可以分泌大量的蜜露，因此，遇到潮湿的条件经常在果实和叶片表面滋生一层黑色的霉菌，不仅影响光合作用，而且，受害果实的商品形状也大大降低。除为害葡萄外，还可以为害桃、杏、苹果、梨、刺槐等。

【形态特征和分类】 褐盔蜡蚧 [*Parthenolecanium corni* (Bouche)] 属于同翅目蜡蚧科，又称扁平球坚蚧、东方盔蚧、水木坚蚧。雌成虫体长约6毫米，宽4.5～5.5毫米，红褐色，椭圆形或圆形，成熟后壳硬化。体背中央有4条纵排断续的凹陷，形成5条隆脊。

【发生规律】 在葡萄上每年发生2代。以2龄若虫在枝蔓的老树皮下、裂缝中、叶痕等处越冬。在我国不同地区越冬的时间有很大差异，一般是春季随着葡萄的发芽，越冬若虫开始转移到枝条上固着为害，20～30天后，虫体逐渐长大，外壳硬化。5月初第一代成虫开始产卵，每雌产卵大约在700～3 000粒，卵期20～30天。孵化的幼虫分散转移到叶片背面、新梢上固着为害。第二代成虫大约在7月上旬开始羽化，中下旬产卵，8月孵化，8月中旬为害最盛。10月份随着天气渐凉，转移到枝条上准备越冬。

位丁被害部位下面的果实套袋被介壳虫分泌物污染

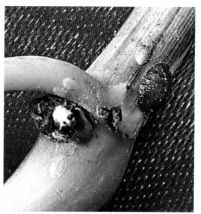

褐盔蜡蚧——若虫扩散期

褐盔蜡蚧为害穗轴

褐盔蜡蚧为害结果枝条

褐盔蜡蚧为害
老枝条和叶柄

防治方法

（1）春季葡萄发芽前喷施一次5波美度的石硫合剂。

（2）越冬若虫开始固着为害后，大约在4月上旬至中旬为第一个最有利的防治时期，此时可以喷施阿立卡1500倍液，或功夫2000～3000倍液、5%高效氯氰菊酯1500～2000倍液、40%马拉硫磷1000倍液、40%杀扑磷1000倍液。

（3）第二个防治的有利时机是在6月上中旬前后，第一代成虫产的卵刚刚孵化时至幼虫扩散转移期。此时期大约为15天。选择的药剂和4月份防治时的药剂相同。

二十七、康氏粉蚧（Comstock mealybug）

【症状】 以成虫和若虫刺吸葡萄幼嫩部位的汁液。可以为害葡萄的芽、嫩枝、嫩叶、果实和根部。嫩枝和根部被害后容易肿胀并且表皮纵裂，最后导致枯死。康氏粉蚧为害葡萄最典型的症状是在果穗的果梗、穗轴甚至果实上形成黑色霉层。这些霉层是康氏粉蚧的排泄物上腐生的霉菌，对葡萄不形成侵染，但是严重污染葡萄果穗，影响商品价值。除为害葡萄外，康氏粉蚧还可以为害苹果、梨、桃、杏、李、山楂、石榴等多种果树。

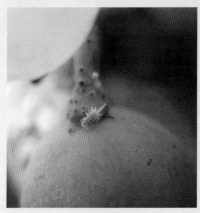

康氏粉蚧　　　　　　　　　　　康氏粉蚧为害葡萄果梗

康氏粉蚧为害症状

【发生规律】　在黄河以北区域一年发生2～3代。以卵在葡萄的根部、树干及枝条粗皮缝隙中越冬，也有少数以若虫或者雌成虫越冬。春季随着果树的发芽，越冬卵陆续孵化为若虫，食害寄主植物幼嫩部分。第一代若虫发生盛期在5月中下旬，第二代为7月中下旬，第三代若虫发生在8月中下旬。雌雄虫交尾后雌成虫爬到枝干粗皮裂缝内或果实萼洼、梗洼等处产卵，有的将卵产在土内。产卵时，雌成虫分泌大量棉絮状蜡质卵囊，卵即产在囊内。每一雌成虫可产卵200～400粒。

（1）关键用药时期　防治康氏粉蚧的关键用药点有三个，第一次是春季萌芽前，第二次是5月上旬开花前后，第三次是套袋前。

（2）防治药剂　春季萌芽前第一次药剂防治采用5波美度石硫合剂喷树干枝条，要喷均喷透，能够杀死树干枝条上越冬的多种病菌和害虫。尤其对各种介壳虫、红蜘蛛、毛毡病以及炭疽病、白粉病、溃疡病有效；第二次药剂防治可以采用阿立卡1 500倍液，或劲彪1 500倍液+20%吡虫啉2 000倍液，或40%毒死蜱1 000倍液+2.5%功夫1 500倍液，或40%马拉硫磷1 000倍液+劲彪1 500倍液喷雾。以上药剂除防治康氏粉蚧外，还可以同时防治绿盲蝽。套袋前的第三次药剂防治可以与杀菌剂一起使用。需要注意的是，为了不影响果粉的形成，这次用药尽量不要使用乳油，可以采用阿立卡微囊悬浮剂1 500倍液，或功夫水乳剂2 000倍液+20%吡虫啉粉剂2 000倍液。此外，对于春季刺吸式口器害虫为害比较多的果园，可以试用70%锐胜1 500倍液灌根的方法。具体操作是在春季浇催芽水的时候，结合开沟施肥，把药剂均匀灌入沟内，每株葡萄灌药液大约300～500毫升，随后浇水。对各种介壳虫、绿盲蝽、飞虱、叶蝉等害虫有效期可以达到1个月左右。

二十八、葡萄星毛虫（Grape leaf worm）

【症状】　以幼虫为害葡萄，主要为害幼嫩的叶片，也为害嫩梢、花序、果实等。为害严重的可以造成秃梢，叶片仅残留叶脉。

葡萄星毛虫幼虫

葡萄星毛虫成虫

【形态特征和分类】 葡萄星毛虫 (*Illiberis tenuis* Butler)，又叫葡萄斑蛾，属于鳞翅目，斑蛾科。成虫体长10～13毫米，翅展25～20毫米，虫体黑色有光泽，翅半透明。触角双栉齿状，雄蛾触角的栉齿较长。卵呈圆形，初期为乳白色，渐变为淡黄色。初孵化的幼虫乳白色，随着生长颜色加深，老熟幼虫呈黄褐色，体长大约15～20毫米，体节的每节上都有4个瘤状突起，每个突起上生有多根短毛和少数长毛。

【发生规律】 在河北、山东、河南等地一般每年发生两代，以幼虫在老树皮裂缝处、葡萄树下的杂草、土块下越冬。在山东一般在4月上中旬越冬代幼虫开始转移到新生的嫩梢、幼叶上为害。第一代幼虫一般出现在6月中下旬前后，这一代幼虫由于数量大，经常造成大量为害，幼虫有假死习性，受到震动会吐丝坠落到地面上。进入9月份幼虫陆续进入越冬休眠状态。

防治方法

（1）冬前结合施肥，对树下的土壤进行深翻，可以消灭树下土壤中越冬的害虫。

（2）药剂防治。结合其他害虫的防治，春季在4月底至5月初喷施杀虫剂可以同时消灭多种在树体上和树下的土壤中越冬的害虫，压低害虫发生的基数。另外，6月中旬在第一代幼虫初发期喷施菊酯类杀虫剂，例如功夫、溴氰菊酯2 000~3 000倍液，或5%高效氯氰菊酯1 500~2 000倍液等都有很好的防治效果。

二十九、葡萄虎天牛（Grape borer）

【症状】 以幼虫蛀食枝条的髓部，初孵化的幼虫多从芽基部钻入枝条内部，向基部蛀食，形成的蛀食隧道内充满虫粪，受害枝条从钻蛀部位以上叶片凋萎，枝条容易被风刮断。

【形态特征和分类】 葡萄虎天牛（*Xylotrechus pyrrhoderus* Bates）又叫葡萄枝天牛、葡萄虎脊天牛、葡萄虎斑天牛等，属于鞘翅目，天牛科。成虫一般体长16~28毫米。头小，黑色。前胸红褐色，呈近似圆球状。鞘翅为黑色，上有黄色斑纹，两翅合并时，背部靠近胸部的黄色斑纹呈X状，鞘翅中下部还有一条横跨鞘翅的黄色斑纹。幼虫黄白色，头小，胸大，无足。

葡萄虎天牛幼虫

葡萄虎天牛钻蛀枝条症状

葡萄虎天牛成虫为害状

葡萄虎天牛幼虫

虎天牛为害的田间症状

【发生规律】 每年发生一代，以幼虫在被害的葡萄枝蔓内越冬，第二年春季5～6月份越冬幼虫开始活动为害，主要向基部方向蛀食，有时幼虫横向蛀食，导致枝条很容易被风刮断。7月份幼虫开始在被害枝条内化蛹，蛹期10～15天，8月份为羽化盛期。成虫产卵部位一般在新梢的芽鳞缝隙、叶腋等处，卵期7～10天，孵化的幼虫就近从芽的基部附近钻入表皮下，逐渐钻入髓部，在11月上旬基本停止为害，进入冬眠状态。

防治方法

（1）结合冬前修剪，剪除有虫枝条。春季5～6月份发现被害枝条随时剪掉。

（2）8月份成虫产卵期是防治的关键时期，此时可以喷施10%氯氰菊酯1 500倍液，或功夫2 000～3 000倍液，或90%敌百虫晶体500倍液等。

第二章
葡萄主要病虫害综合治理方案

为害葡萄的病虫害种类很多，不同地区的病虫害种类和发生特点都有所不同。但从科学防治的角度考虑，无论在什么地方，无论何种病虫害，要想控制其发生，关键要做到两点，一是要坚决贯彻以预防为主的原则，二是在药剂预防上，应该以花前和花后预防为重点。预防的基础必须是要充分了解病虫害发生规律，预防的措施必须是综合预防，药剂为主，紧密结合农业和其他措施。因此，这里推荐的葡萄病虫害综合治理方案是以预防为主，综合防治为指导思想。方案中所涉及的药剂除波尔多液和石硫合剂以外，推荐的都是近年来新型的高效低毒、符合当前无公害葡萄生产的农药种类。

一、休眠期

1. 预防目标　在葡萄枝条、树体、果园地面上越冬的各种病虫害。

2. 预防措施

（1）结合冬季修剪，剪除有病、虫的枝蔓。可以减轻炭疽病、黑痘病、蔓割病、枝枯病以及在枝条、树体上越冬的害虫为害。

（2）清洁果园，把行间树下的病果、落叶、杂草彻底清除干净。对预防白腐病、黑腐病、霜霉病、褐斑病等效果显著。

二、萌芽至展叶前（绒球期）

1.预防目标 黑痘病、白腐病、炭疽病、霜霉病、白粉病、毛毡病、红蜘蛛、介壳虫等。

2.预防措施

（1）葡萄出土后，结合上架绑蔓，剪除病枝、弱枝、虫枝。

（2）此时期的关键措施是在葡萄萌芽的绒球期要喷一次5波美度的石硫合剂，喷布的范围除葡萄枝条、主干以外，还要喷洒地面，特别是树下的土壤表面。这次的喷药可以铲除多种越冬的病虫害，为整个生长季节病虫害的防治打下一个好的基础。在自制石硫合剂不方便的果园，可以采用爱苗2 000倍液＋劲彪1 000倍液喷枝干清园。

三、展叶至开花前

此期是葡萄病虫害防治的第一个关键时期。各种病虫害都在陆续萌发和出蛰，此时用药可以有效地压低病虫害发生的基数，大大减轻和延缓病虫害的发生和为害。可以起到事半功倍的作用。

1.预防目标 黑痘病、霜霉病、白粉病、白腐病、灰霉病、黑腐病、穗轴褐枯病、毛毡病、红蜘蛛、绿盲蝽、介壳虫等。

2.预防措施

（1）在3～4叶期，可以喷施一次金雷600倍液＋10％世高水分散粒剂2 000倍液＋阿立卡1 500倍液。铲除越冬后刚刚萌发的各种病菌和害虫。重点预防白腐病、炭疽病、黑痘病、穗轴褐枯病、黑腐病、毛毡病、叶蝉、绿盲蝽、介壳虫、斑衣蜡蝉等。

（2）在花序分离期，小花序10厘米左右时喷施山德生600倍液＋阿立卡1 500倍液，或者金雷600倍液＋阿立卡1 500倍液。

（3）在花前2天左右，喷施长效多功能杀菌剂25％阿米西达悬浮剂1 500～2 000倍液，可以预防霜霉病、白粉病、黑痘病、黑腐病、穗轴褐枯病以及绿盲蝽等多种害虫。在灰霉病发生严重地区，还要加入卉友 5 000 倍液或腐霉利 1 000 倍液。

（4）在管理要求高的果园，可以在树下地面覆盖地膜。地膜可以起到隔绝土壤病菌向上传播的作用，对预防白腐病、黑腐病、霜霉病、褐斑病等效果明显。同时还可以提高地温，保持土壤湿度，控制杂草生长。

（5）在有毛毡病和红蜘蛛为害的果园，此时可以喷一次杀螨剂 1.8% 阿维菌素 3 000 倍液，或 5% 霸螨灵悬浮剂 1 000 ～ 2 000 倍液，或 50% 苯丁锡可湿性粉剂 1 000 倍液，或 73% 克螨特乳油 2 000 ～ 3 000 倍液。在有绿盲蝽为害的果园可以加入阿立卡 1 500 倍液，或 2.5% 功夫水乳剂 3 000 倍液 + 40% 马拉硫磷乳油 1 000 倍液。

四、落花后至果穗套袋

是多种病害形成初侵染的关键时期。特别是此时期如果遇到降雨，病菌会大量集中侵染。因此，一定要在降雨后立即喷药。一方面可以消灭刚刚萌发还未侵染的病菌，另一方面又可以防治已经侵染到植物体内的病菌。

1. 预防目标　霜霉病、黑痘病、白腐病、白粉病、黑腐病、穗轴褐枯病、炭疽病、灰霉病。在有些地方还需要防治红蜘蛛、绿盲蝽、斑衣蜡蝉、透翅蛾、叶蝉等害虫。

2. 预防措施

（1）落花后套袋前　这段时间可以根据降雨多少喷 1 ～ 2 次杀菌剂，一般在落花后要及时喷施一次阿米西达 1 500 倍液，在灰霉病发生严重地区还要同时加入防治灰霉病的药剂卉友 5 000 倍液。间隔 10 ～ 15 天再喷施一次世高 1 500 倍液 + 金雷 600 倍液。

（2）套袋前药剂处理果穗　选择处理果穗药剂的标准是要能够同时防治多种果实病害，对果实安全没有药害，药效期长。可以采用 25% 阿米西达 1 500 倍液 +50% 卉友 5 000 倍液，基本上能够有效地解决果穗上的灰霉病、炭疽病、白腐病、黑痘病、黑腐病以

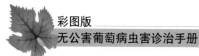

及果实上的霜霉病、白粉病等多种果实病害，是处理果穗最好的药剂配方之一，近年来在一些高价值果园得到广泛应用，效果非常显著。

（3）果穗套袋　是近几年来生产高质量葡萄普遍采取的措施。对于减轻病害和降低农药残留，提高果品质量有很大帮助。但最好选用葡萄果穗专用袋，劣质果袋防病效果差，容易造成日灼伤害，对提高果实质量没有帮助。

（4）防治害虫　如果有绿盲蝽、叶蝉、斑衣蜡蝉、透翅蛾、红蜘蛛等害虫发生，要及早防治。叶蝉、斑衣蜡蝉可以采用22%阿立卡3 000倍液，或20%吡虫啉乳油3 000倍液喷雾；防治绿盲蝽和透翅蛾可以用22%阿立卡1 500倍液，或者2.5%功夫水乳剂+40%马拉硫磷1 000倍液；防治红蜘蛛可以用1.8%阿维菌素乳油2 000～3 000倍液，或5%霸螨灵1 000～1 500倍液。发生为害叶片的星毛虫、天蛾，或者钻蛀枝条的透翅蛾可以用40%福戈水分散粒剂3 000～4 000倍液，或者福奇1 500倍液喷雾。

3.注意事项　处理果穗的药剂尽量不要采用甾醇生物合成抑制剂类杀菌剂。此类杀菌剂大部分都对植物生长有抑制作用，因此会影响果穗穗轴的拉长和果粒的膨大。这些药剂包括三唑类的三唑酮（粉锈宁）、三唑醇、烯唑醇（特普唑）、氟硅唑（福星）、丙环唑（敌力脱、金力士）、己唑醇（安福）、戊唑醇（好力克）等，咪唑类的抑霉唑（仙亮、戴挫霉），嘧啶类的氯苯嘧啶醇，吗啉类的十三吗啉等药剂。而三唑类杀菌剂中的世高对植物生长基本上没有抑制作用，适宜在果实生长的早期使用。

五、果穗套袋至采收

在坐果后要及时套袋，套袋越早对病害的预防效果越好。果穗套袋以后，果实处于果袋的保护之中，病虫害发生的概率大大降低，但容易发生气灼病。因此，这一阶段的重点就是要防治叶片和枝蔓病虫害和气灼病。在药剂选择上，对于套袋葡萄可以选择的种类比较多。而对于不套袋的葡萄，尽量不要使用多菌灵、百菌清、福美双、退菌特等药剂，以免对幼果表皮造成药害或者药斑污染果面。另外，乳油类农药此时期使用会抑制果粉的形成，也要尽量限制使用。

1. 预防目标　日灼病、气灼病、酸腐病、霜霉病、白腐病、炭疽病、灰霉病、白粉病、叶蝉、红蜘蛛等。

2. 套袋果园预防措施

（1）经常检查果袋内是否有病害发生，去除染病果粒，并及时用药剂处理发病果穗。

（2）在夏季高温季节要及时浇水，防止气灼病的发生。

（3）在果实转色以后要预防酸腐病的发生。由于防治酸腐病没有特效药剂，因此应该以防治果蝇为主，兼用一些铜制剂预防果实伤口的感染。可以选择的药剂有2.5%功夫乳油2 000～3 000倍液、1.8%阿维菌素乳油3 000倍液、75%灭蝇胺可湿性粉剂4 000～6 000倍液。这些药剂也对叶蝉和红蜘蛛有很好的兼治效果。铜制剂可以选择多宁、必备、可杀得等。

（4）预防叶片上的霜霉病　在雨季到来之前防治霜霉病可以用50%瑞凡2 000倍液、68%金雷600～800倍液、25%阿米西达2 000倍液、72%霜脲锰锌600倍液、69%烯酰吗啉锰锌800倍液等内吸治疗性杀菌剂，尽量压低菌源基数，延缓发生期。在夏季多雨季节，可以采用耐雨水冲刷的波尔多液等铜制剂为主保护叶片，每间隔10～15天喷施一次。夏末秋初气候逐渐有利于霜霉病的发生，因此，要换成内吸性杀菌剂进行防治。

（5）预防叶片上的白粉病　由于波尔多液对白粉病的效果很差，因此，在有些地区，还要喷施防治白粉病的药剂。可以采用阿米妙收加入金雷同时预防霜霉病和白粉病，也可以喷施多硫合剂（多菌灵与硫黄的复配制剂）、世高、爱苗等药剂重点防治白粉病，兼治枝条上的炭疽病、白腐病等。

3.不套袋果园病虫害预防措施 在不套袋的果园，病虫害的预防基本上与套袋果园相同。需要注意的是一些药剂对葡萄幼果的果皮容易产生药害，例如波尔多液，以及一些劣质的代森锰锌、福美双和百菌清等。另外，在葡萄采收前至少一个半月不应该喷施波尔多液，以免药剂污染果面，影响果实的商品性质。

第三章
葡萄主要病虫害药剂防治简明处方

一、鲜食套袋葡萄主要病虫害药剂防治处方

喷药次数	药剂种类	喷药时期	防治对象
第一次	5波美度石硫合剂	春季发芽前绒球期树体以及树架下土壤表面全部喷药	铲除在枝条树体上越冬的各种病虫害，尤其对螨类、白粉病、炭疽病等有效
第二次	世高＋阿立卡	3～4叶期	炭疽病、白腐病、黑痘病、白粉病、褐斑病、穗轴褐枯病、绿盲蝽、叶蝉、毛毡病、斑衣蜡蝉等
第三次	山德生＋阿立卡	花序分离期	炭疽病、黑痘病、白粉病、白腐病、霜霉病、穗轴褐枯病等
第四次	阿米西达＋卉友＋阿立卡	开花前2～3天	霜霉病、灰霉病、白粉病、黑痘病、穗轴褐枯病
第五次	阿米西达	花后1～2天	霜霉病、白粉病、炭疽病、灰霉病、白腐病等所有叶片和果实病害
套袋前	阿米西达＋卉友	套袋前药剂涮果穗（必须晾干药液再套袋）	霜霉病、白粉病、炭疽病、灰霉病、白腐病等所有果实病害

（续）

喷药次数	药剂种类	喷药时期	防治对象
套袋后	可选择的药剂很多。包括波尔多液、爱苗、秀特、瑞凡、金雷、霜脲锰锌、烯酰吗啉、百泰等，交替使用	从6月中下旬到8月下旬要每10～15天喷一次杀菌剂；立秋前后是冀、鲁、豫、陕等地防治霜霉病的关键时期；9月上旬到10月上中旬可以间隔15～20天，重点保护叶片	霜霉病、褐斑病、炭疽病、黑痘病、白粉病、叶蝉、醋蝇、天蛾等
其他喷药时机	5～7月份，每次降雨量超过10毫米时，雨后1～2天之内要及时喷施一次世高2 000倍液加金雷800倍液；对霜霉病、炭疽病、白腐病、褐斑病、黑痘病等有非常显著的效果		

注：1. 本方案是以北方地区中晚熟品种为例。
2. 南方地区特别是春季多雨的长江中下游地区，春季可以适当增加1～2次喷药。
3. 栽培早熟品种的果园，也可以参考本方案前期的喷药方法，但在收获前1个月要停止用药，以免果实中农药残留超标。葡萄采收后应该继续以波尔多液保护叶片，为下年的丰产储存营养。

二、鲜食不套袋葡萄主要病虫害药剂防治处方

喷药次数	药剂种类	喷药时期	防治对象
第一次	5波美度石硫合剂，或爱苗＋劲彪	春季发芽前绒球期树体以及树架下土壤表面全部喷药	铲除在枝条树体上越冬的各种病虫害，尤其对多种害虫、白粉病、炭疽病等有效
第二次	世高＋劲彪＋吡虫啉	3～4叶期	炭疽病、白腐病、黑痘病、白粉病、褐斑病、穗轴褐枯病、绿盲蝽、叶蝉、毛毡病、斑衣蜡蝉等

（续）

喷药次数	药剂种类	喷药时期	防治对象
第三次	金雷＋劲彪＋吡虫啉	花序分离期	主要以铲除萌发的霜霉病菌为主。兼治炭疽病、黑痘病、穗轴褐枯病
第四次	阿米西达＋硼肥	开花前2～3天	霜霉病、白粉病、炭疽病、灰霉病等
第五次	阿米西达	花后1～3天	霜霉病、白粉病、炭疽病、黑痘病、白腐病、黑腐病等
第六次	世高＋金雷＋阿立卡	花后15天左右	白腐病、白粉病、炭疽病、黑痘病、多种害虫等
第七次	阿米妙收	6月底至7月初	霜霉病、炭疽病、黑痘病、褐斑病、白粉病等
第八次	金雷＋世高	7月中下旬	霜霉病、白粉病、炭疽病、黑痘病、白腐病、黑腐病、灰霉病等
第九次	瑞凡＋爱苗	8月上中旬	霜霉病、炭疽病、白腐病、黑痘病等病害，以及果蝇、飞虱、叶蝉、天牛等害虫
第十次	特克多（果实保鲜剂）	9月下旬采收前1～2天喷果穗	贮藏期多种病害
第十一次	波尔多液或烯酰吗啉	果实采收后	主要预防霜霉病，保护叶片

注：1. 本方案是以北方地区晚熟品种为例。

2. 南方地区特别是春季多雨的长江中下游地区，春季可以适当增加1～2次喷药。

3. 5～7月份，遇到降雨超过10毫米，必须要在降雨后1～2天内及时喷施一次金雷＋世高，对减轻霜霉病、白腐病、炭疽病、褐斑病、黑痘病等效果显著。

4. 栽培早熟品种的果园，也可以参考本方案前期的喷药方法，但在收获前1个月要停止用药，以免果实中农药残留超标。葡萄采收后应该继续以波尔多液保护叶片，为下年的丰产储存营养。

三、酿酒葡萄主要病虫害药剂防治处方

喷药次数	药剂种类	喷药时期	防治对象
第一次	5波美度石硫合剂，或爱苗+劲彪	春季发芽前绒球期树体以及树架下土壤表面全部喷药	铲除在枝条树体上越冬的各种病虫害，尤其对螨类、白粉病、炭疽病等有效
第二次	世高+劲彪，或爱苗+阿立卡	3～4叶期	炭疽病、白腐病、黑痘病、白粉病、褐斑病、穗轴褐枯病、绿盲蝽、叶蝉、毛毡病、斑衣蜡蝉等
第三次	山德生+劲彪，或金雷+劲彪	花序分离期	主要以铲除萌发的霜霉病菌为主，兼治炭疽病、黑痘病、穗轴褐枯病
第四次	世高+多霉灵	开花前2～3天	白腐病、白粉病、炭疽病、灰霉病、褐斑病、穗轴褐枯病等
第五次	阿米西达	花后1～2天	霜霉病、白粉病、炭疽病、黑痘病、白腐病、黑腐病、褐斑病等
第六次	世高+金雷	幼果生长前期	白腐病、炭疽病、黑腐病、白粉病、褐斑病以及叶蝉、蓟马、螨类、鳞翅目害虫等
后期喷药1	波尔多液、金雷、瑞凡、爱苗，交替喷施，每次喷药间隔10～15天	7～9月，其中8月上中旬是防治秋季叶片霜霉病的关键时期，需要缩短喷药间隔期为7～10天	霜霉病、炭疽病、黑痘病、褐斑病等
后期喷药2	世高+金雷	果实生长期内遇到暴风雨或冰雹后立即喷施世高1 500倍液+金雷600倍液	白腐病、炭疽病
后期喷药3	波尔多液，或瑞凡、山德生等	果实采收后	预防霜霉病，保护叶片

第四章
葡萄园常用农药介绍

一、葡萄园常用杀菌剂

1. 波尔多液 100多年前，自从法国波尔多地区的葡萄种植者们发现石灰和硫酸铜的溶液混和后可以防治葡萄病害以来，波尔多液就成为了葡萄园最常用也是最有效的杀菌剂之一。它具有防治病害种类多，耐雨水冲刷，低毒无公害，长期使用没有抗药性等特点。因此，是葡萄病害防治不可缺少的杀菌剂。根据不同的作物和病害种类，波尔多液中的硫酸铜和石灰的比例可以采用多种不同的配合量。例如葡萄、茄科和葫芦科的作物对石灰敏感，应该采用石灰少量式，而鸭梨、桃、李、白菜等作物对硫酸铜敏感，要选用石灰等量式或石灰多量式波尔多液。

配制方法一：

（1）首先选择优质的硫酸铜和生石灰，并按配制比例称量。

（2）用9份水溶解硫酸铜，用1份水溶解生石灰（搅拌成石灰乳）。

（3）缓慢地将硫酸铜溶液倒入浓石灰乳中，边倒边搅拌即可。

配制方法二：

（1）选择优质石灰和硫酸铜，并按配制比例称量。

（2）用一半水溶解石灰，另一半水溶解硫酸铜，等到两种溶液的温度都降低到和气温相同时，同时将两种溶液慢慢倒入一个大的容器中，边倒边搅拌即成。

注意事项：

（1）硫酸铜要选择纯蓝色有光泽的晶体，杂质要少。石灰要

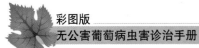

选择大块、色白、比重轻的生石灰，不要用石灰粉。配制的水要清洁不能有泥沙，最好是软水。

（2）配制波尔多液不能用金属容器，特别不要使用铁制容器，以免和硫酸铜发生反应。可以用木器、陶器、塑料容器、水泥池等。

（3）在方法一中，必须是把硫酸铜溶液倒入石灰乳中，不能相反。倒入时要慢，搅拌时要向一个方向，时间要长一些。

（4）最好现配现用，否则容易出现沉淀，影响药效。

防治葡萄病害的波尔多液可以采用200倍液的石灰半量式，即1（硫酸铜）：0.5（生石灰）：200（水）。也可以采用1：0.7：240的比例配制。

2. 石硫合剂　石硫合剂在葡萄上主要是在春季发芽前、鳞芽膨大时喷施一次，使用浓度为3～5波美度。铲除春季树体上越冬的各种病菌如白粉病、黑痘病、炭疽病、白腐病、黑腐病等。同时对多种越冬的害虫也有很好的兼治作用，如红蜘蛛、介壳虫、瘿螨等。

配制方法：

（1）配制比例：生石灰：硫黄粉：水的比例为1：1.4：13。

（2）将称量好的生石灰放入铁锅中，先用少量水消解成粉状，再加水调成糊状。

（3）趁石灰乳的温度还没有降低时，把称量好的硫黄粉一点一点地放入石灰浆中，混和均匀，把全部水倒入铁锅中，做好水位线标记。

（4）加火熬煮，沸腾时开始记时，保持沸腾50～60分钟。当锅内溶液呈酱色、液面出现绿色泡沫时即可以停火。熬制过程中蒸发的水量要随时用热水补充到水位线。

（5）等温度降低后，过虑残渣，即成石硫合剂母液。用波美比重计测定度数，度数越高，说明有效成分含量越高。一般熬制好的石硫合剂都在25波美度以上。

注意事项：

（1）要选择大块的颜色洁白的生石灰，硫黄粉的颗粒越细越好。

（2）熬制的时间不宜过长，火力也不要过猛，否则药液成深绿色，很浓稠，但有效成分降低。

（3）不能用铜或铝锅熬制和存放石硫合剂，否则容易发生反应。

（4）熬制好的石硫合剂应该密封保存，最好在表面倒入少量机油，以隔绝空气避免氧化。

（5）使用时要现配现用，不要存放稀释好的药液。

（6）石硫合剂为强碱性物质，不要和其他杀虫剂、杀菌剂混用。与波尔多液的间隔期至少需要20天，其他农药15天。

（7）石硫合剂的腐蚀性很强，要避免沾到衣服和皮肤上。

（8）用过石硫合剂的喷雾器要及时用清水冲洗干净，以免腐蚀损坏喷雾器。

石硫合剂的稀释方法：

容量倍数稀释法：此法是利用容器进行稀释。使用这种方法必须知道原液的浓度和比重。稀释公式为：

$$加水倍数 = \frac{原液浓度 - 所需浓度}{所需浓度} \times 原液比重$$

例如：春季发芽前需要喷施4波美度石硫合剂。已知原液的浓度为26波美度，原液的比重为1.2，问1升原液需要加多少升水？

$$加水数量 = \frac{26 - 4}{4} \times 1.2 = 6.6（升）$$

答：要配制4波美度波尔多液，1升26波美度的原液需要加水6.6升。

3.代森锰锌

其他名称：大生M-45、大生富、喷克、速克净、山德生。

剂　　型：50%可湿性粉剂，70%可湿性粉剂，80%可湿性粉剂。

产品特点：

（1）代森锰锌是一个广谱保护性杀菌剂，杀菌机理主要是抑制病菌孢子萌发。可以预防作物上的多种病害。

（2）在葡萄上可以预防霜霉病、炭疽病、黑痘病、白腐病等。另外，还可以预防苹果轮纹病、炭疽病、斑点落叶病、梨树黑星病、黑斑病。

（3）代森锰锌长期使用不会产生抗药性。

（4）和其他内吸性杀菌剂混合使用可以提高药效，降低内吸性杀菌剂的抗性风险。

（5）代森锰锌的锌、锰离子可以作为微量元素被葡萄吸收，有利于葡萄生长。

使用方法：由于代森锰锌没有内吸性，因此要在发病之前使用，喷雾要均匀周到。以80%代森锰锌为例，在春季葡萄发芽后，3～4片叶时，喷施代森锰锌600～800倍液，每次喷药的间隔期7～10天。喷药后遇到降雨要缩短喷药间隔期或重喷。

注意事项：代森锰锌对鱼类毒性很高，注意不要污染水源。该药遇酸、碱、高温、高湿、强光等容易分解失效，在使用和保存时要避免这些不利的环境因素。不要和铜制剂混用，以免降低药效，与喷施波尔多液的间隔期至少应15天的时间。

4. 达科宁

其他名称：百菌清。

剂　　型：70%百菌清可湿性粉剂，75%达科宁可湿性粉剂。

产品特点：

（1）防治病害种类多，对葡萄的主要真菌病害，如白腐病、霜霉病、黑痘病、炭疽病、灰霉病、白粉病、褐斑病、穗轴褐枯病等都有很好的预防作用。

（2）黏附性好，极耐雨水冲刷，人工降雨试验证明，喷药后15分钟降雨50毫米，然后人工接种对香蕉叶斑病孢子的萌发抑制仍然达到90%多。在番茄上人工降雨25毫米后，仍有80%多的有效成分黏附在叶片上。

（3）化学性质稳定，是良好的伴药，可以和几乎所有的常用农药现混现用，不会出现化学反应降低药效等副作用。

（4）在日本、欧洲、美洲等主要国家都有登记，不会因为达科宁登记问题，遇到农产品出口障碍。

（5）属于多作用位点杀菌剂，长期使用也不会出现抗药性问题。

（6）对人和其他高等动物毒性低，对环境没有污染。

使用方法：达科宁属于保护性杀菌剂，必须要在发病前喷施才能发挥其防病的特点，另外，喷药液量要充足，喷洒均匀周到。葡萄上可以在春季发芽后 3 ～ 4 叶期开始喷施达科宁 600 ～ 800 倍液，每次间隔 15 天，连续喷施或与其他药剂如金雷、阿米西达等药剂轮换使用。

注意事项：不同厂家生产的百菌清质量差异很大，主要原因是原药纯度、加工细度以及助剂配方不同所致。因此，最好选择大厂家生产的药剂。另外，生产中还发现有些厂家生产的百菌清在葡萄的幼果期施用，对美国红提的果皮容易产生药害症状。其他葡萄品种在幼果期喷施达科宁也应该严格注意，须在小面积试验后再正式施用。

5．金雷

其他名称：精甲霜灵锰锌。

有效成分：精甲霜灵与代森锰锌的混合物。

剂　　型：68% 可分散粒剂。

产品特点：

（1）超强的内吸性。金雷是目前所有内吸性杀菌剂中内吸性最强的品种。它不仅能够保护已经喷药的老叶片，而且还可以通过内吸传导，迅速及时地把药剂输送到新生叶片，保护新叶不受病害侵染；对于种植密度高、枝叶茂密的作物，金雷的强内吸性可以使喷到作物上的药剂通过内吸传导在植物体内再分布，从而达到全株保护的效果。迅速的内吸性，还使金雷不怕雨水冲刷，试验证明，喷药后 30 分钟检测，已经有 30% 的有效成分被吸收，因此喷药后降雨对金雷的药效影响不大。

（2）持效期长。在正常的天气条件下，喷药间隔期可以达到 14 天。

（3）效果突出。金雷是由精甲霜灵与代森锰锌复配而成，两种有效成分相辅相成，代森锰锌在植物体外形成第一道保护屏障，金雷通过内吸进入植物体内，传导到整个植株，从内部杀死已经入侵的病菌。使得金雷具有从内到外的双重保护效果。

（4）金雷中含有的锌、锰离子都是络合状态，对作物非常安全，而且可以部分补充作物所需的微量元素。

（5）金雷的毒性非常低，对大白鼠的口服致死中量超过2 000毫克/千克。比雷多米尔的毒性更低，对环境更安全。

（6）金雷是采用高科技手段合成的高纯度单一旋光异构体。其生物活性大大提高，只需使用雷多米尔的一半剂量，就可以达到相同的防效。

（7）剂型先进。通过挤压法成型的水分散粒剂，分散悬浮性更好，不容易被仿冒。

（8）根据国外使用经验和实际检测，金雷按推荐浓度在一个生长季节内喷施2～4次，最后一次喷药距离收获14天以上，其在果实内的残留完全符合国际标准。

使用方法：金雷主要防治对象是由卵菌纲真菌引起的病害。重点是各种作物的霜霉病、疫病、白锈病，以及腐霉引起的猝倒病、果实腐烂病等。其中应用最多的是葡萄霜霉病，番茄、马铃薯的晚疫病和各种瓜类作物的霜霉病。另外，由于它含有一定量的代森锰锌，还对其他很多病害也有兼治作用。在葡萄上的应用，宜在开花前和落花后，以及夏末秋初葡萄霜霉病即将发生时各喷施一次，使用浓度为600～800倍液。

注意事项：

（1）为了最大限度地发挥药效，最好应在病害发生前或发生初期施用金雷，使病害在低水平始发阶段即被控制。

（2）为了防止抗药性的产生，建议在一个生长季节内施用金雷不超过4次。每次的间隔期不超过14天。在病害发生严重的时候，还应该与其他作用方式不同的杀菌剂交替喷施。

（3）金雷可以与大多数杀虫剂、杀菌剂、杀螨剂和生长调节剂相互混配施用。但建议在混配前进行预先测试。

6. 阿米西达

其他名称：Abound 250EW。

有效成分：嘧菌酯。

剂　　型：25%悬浮剂。

产品特点：

（1）效果好。具有预防保护、内吸治疗、铲除和抑制病菌孢子产生的多重作用。是最新型的甲氧基丙烯酸酯类杀菌剂，与现有的所有杀菌剂之间不存在交互抗性。

（2）超强的预防作用。根据国外科学家在实验室内的测定，用代森锰锌喷药防治葡萄霜霉病，其EC_{50}值（抑制50%病菌孢子萌发的药剂浓度）为8毫克/升，而阿米西达的EC_{50}值则仅为0.07毫克/升。

（3）持效期长。在病害压力很高的情况下持效期仍可达到10～20天。在欧洲露地作物大麦上最长可以达到48天。

（4）防治病害种类多。是目前防治病害种类最多的内吸性杀菌剂类别，对四大类真菌（鞭毛菌、子囊菌、担子菌、半知菌）病害都有效果。

（5）仿生合成，低毒，低残留。是生产无公害食品的理想用药。

（6）调节作物生长，显著增加作物产量。国内外大量的使用已经证明，阿米西达在多种作物上都具有很好的增产作用，一般增产幅度在10%左右。根据初步研究结果，阿米西达能提高叶片的叶绿素含量，使叶片更绿，能够延长叶片的功能期，使叶片有更长的时间进行光合作用，这些特点都是作物增产的重要驱动因素。

（7）改善作物品质，明显提高商品性能。施用阿米西达能够使很多作物果实的含糖量提高，果实表皮光亮，色泽鲜艳。

使用方法：阿米西达是第一个能够防治四大类真菌的内吸性杀菌剂，但并不是对所有的病害都有同样的防治效果，目前在我国应用最多的是防治霜霉病、疫病、白粉病、立枯病、炭疽病，以及由壳针孢菌、交链孢菌和尾孢菌属的真菌引起的叶斑类病害。根据国内外的应用经验，在葡萄上应用阿米西达有三个关键时期，一个是在开花前，第二个是在落花后，第三个是在套袋前处理果穗。喷施的浓度为2 000倍液，可以预防葡萄上的大多数主要病害，尤其是对霜霉病、炭疽病、白粉病、穗轴褐枯病、黑腐病、黑痘病的效果非常突出。

此外，根据近年来的使用情况调查，发现在开花前的花序分离期喷施阿米西达对穗轴有轻微的拉长作用，在有些品种上可以部分代替花序拉长剂；在落花80%以后喷施阿米西达可以促进花穗上营养不良或者授粉不良的小果尽早脱落，这样可以减少养分的浪费，对保留下来的正常果实生长有促进作用。阿米西达的这两种作用还没有得到权威的试验证实，需要在生产中进一步验证。

注意事项：

（1）为了防止病菌对阿米西达产生抗性，整个生长季节喷施阿米西达的次数不要超过4次，不要连续喷施，要与其他杀菌剂交替施用。

（2）阿米西达对苹果树的某些品种（例如嘎拉等）有严重的药害，因此不要在苹果上应用。

（3）不要和乳油类农药及增渗剂混合使用，以免发生反应，降低阿米西达的药效。

（4）套袋前处理果穗一定要等药液晾干后再套袋，以免发生药害。

7. 世高

其他名称：势克。

有效成分：苯醚甲环唑。

主要剂型：10%水分散粒剂（WG）。

产品特点：

（1）内吸传导，杀菌谱广。世高可被植物内吸向顶部传导，兼具预防保护、内吸治疗和铲除作用。能有效地防治由子囊菌、担子菌及半知菌引起的多种植物病害。包括多种作物的白腐病、炭疽病、黑星病、叶斑病、白粉病及锈病等。

（2）耐雨水冲刷，药效持久。高湿度及人工降雨的试验表明，附着在叶面上的药剂耐雨水冲刷，这在南方多雨气候条件下药效受影响小。另外，由于其蒸汽压较低，挥发性差，即使在高温条件下，也表现较持久的杀菌活性，比一般杀菌剂持效效期长3～4天。

（3）生物活性高。苯醚甲环唑对葡萄中的常见病害一般只需5克左右的有效成分就可以取得非常好的防治效果。比多菌灵等老的杀菌剂高5～10倍。

（4）剂型先进。世高为水分散粒剂，使用时投入水中，可迅速崩解分散，形成高度悬浮分散体系，无粉尘的影响，没有乳油类杀菌剂中的大量有机溶剂，对使用者及环境安全。

（5）对作物安全。世高是三唑类杀菌剂中对作物没有抑制生长作用的杀菌剂。可以在作物的任何时期施用，都不会对果实的膨大和枝条的生长有抑制作用。

（6）低毒低残留。对哺乳动物毒性极低，大白鼠急性口服LD_{50}为1 453毫克/千克。被植物内吸进入体内后，逐步被代谢降解为无毒化合物。

使用方法：世高在葡萄上可以防治白腐病、炭疽病、黑痘病、白粉病、穗轴褐枯病、褐斑病等。使用浓度为2 000～3 000倍液。使用的最佳时间是在开花前和落花后，与阿米西达、金雷等药剂配合使用，效果更佳。

注意事项：

（1）世高对刚刚侵染的病菌防治效果特别好。因此，在春季降雨后及时喷施世高，能够铲除初发菌源，最大限度地发挥世高的杀菌特点。对生长后期病害的发展将起到很好的控制作用。

（2）世高可以和大多数杀虫剂、杀菌剂等混合施用。但必须在施用前做混配试验，以免出现副面反应或发生药害。

（3）为防止病菌对世高产生抗性，建议每个生长季节喷施世高或其他三唑类杀菌剂的次数不应该超过4次。应该与其他杀菌作用机制不同的杀菌剂交替使用。

8. 氟硅唑

其他名称：福星、稳歼菌。

有效成分：氟硅唑。

剂　　型：40%乳油。

产品特点：

（1）内吸治疗效果好。氟硅唑在三唑类杀菌剂中属于内吸性比较好的药剂种类之一。可以渗透到植物体内杀死已经侵染的病菌。在病害的初发期使用效果非常突出。

（2）生物活性高。氟硅唑在很低的有效浓度下就可以对病原微生物有很强的抑制作用，一般每亩地一次喷药只需要3～5克有效成分就可以有很好的效果。

（3）杀菌谱广。氟硅唑在葡萄上可以防治大多数常见病害，例如白腐病、炭疽病、黑痘病、白粉病等。但对霜霉病没有效果。

（4）氟硅唑在三唑类杀菌剂中是一个对作物生长有明显抑制作用的药剂之一。适合在作物的营养生长初期使用，可以有效地控制作物徒长。但在果实迅速生长期应该慎重使用，以免对果实生长造成抑制。

使用方法：在葡萄上可以防治白腐病、炭疽病、黑痘病、白粉病等病害，使用浓度一般为8 000倍液。使用时期为坐果前和果实生长后期。

注意事项：

（1）最好不要在果实迅速膨大期使用，更不要用于套袋前高浓度处理果穗，以免产生抑制生长的副作用，影响果实的膨大。

（2）在同一个生长季节内使用次数不要超过4次，以免产生抗药性，造成药效下降。

9. 丙环唑

其他名称：敌力脱、金力士、必扑尔。

有效成分：丙环唑。

剂　　型：25%乳油。

产品特点：

（1）属于三唑类杀菌剂，对葡萄常见病害除霜霉病以外，大多数都有很好的防治效果，特别对白腐病的效果尤为突出。

（2）对病菌的生物活性非常高，使用浓度在 10 000 倍液（每升药液中含 25 毫克有效成分）时对白粉病、白腐病有很好的预防作用。

（3）抑制生长明显，丙环唑在三唑类杀菌剂中属于对作物生长抑制非常明显的药剂种类之一，如果在果实膨大期使用，经常会出现果粒膨大受抑制的情况。

使用方法：在葡萄开花前，或者果实膨大后期用于防治白粉病、白腐病、炭疽病等病害，使用浓度为 8 000 ～ 10 000 倍液。

注意事项：由于丙环唑具有很明显的抑制生长作用，因此在使用中必须严格注意：一是不能随意加大使用浓度；二是不要连续喷施，以免在植物体内累积造成生长受抑制；三是必须要注意选择喷药时期，不要在果实膨大期喷施。

10. 多菌灵

其他名称：棉萎丹、棉萎灵。

有效成分：多菌灵。

剂　　型：25% 可湿性粉剂，50% 可湿性粉剂，40% 多菌灵悬浮剂等。

产品特点：

（1）多菌灵属于苯并咪唑类杀菌剂，具有高效、低毒、低残留、防治病害种类多等特点。

（2）具有内吸性，可以通过植物的根、茎、叶等组织渗透到植物体内，发挥杀菌作用。多菌灵在植物体内主要是通过木质部导管向上传导，横向传导很差，不能向下传导。喷药后药剂很容易顺植物营养液流传导到叶片上，而果实、茎干等蒸腾量小的器官药剂的积累量相对较少。因此，防治果实和茎干病害时最好是定向喷药，把药剂直接喷在发病部位。

（3）对子囊菌、担子菌、半知菌引起的大多数病害都有效果，

但对霜霉病、晚疫病等卵菌引起的病害没有效果。

使用方法：在葡萄上可以防治葡萄白腐病、白粉病、炭疽病、黑痘病、灰霉病等。使用浓度为50％多菌灵可湿性粉剂800～1 000倍液，在发病初期使用效果最好。

注意事项：

（1）多菌灵属于特别容易产生抗性的杀菌剂之一。由于在我国已经广泛使用多年，目前在大多数病害上已经产生了抗性。因此，在生产实践中不要连续使用，要与其他作用机理不同的杀菌剂交替或轮换使用，也可以与其他药剂加工成混配制剂，例如多硫悬浮剂。

（2）不能与石硫合剂、波尔多液以及其他铜制剂混用，以免降低药效或产生药害。

11．甲基托布津

其他名称：托布津-M、NF44。

有效成分：甲基硫菌灵。

剂　　型：70％可湿性粉剂，50％悬浮剂，30％粉剂。

产品特点：甲基托布津属于苯并咪唑类杀菌剂，具有内吸治疗作用，在植物体内被植物转化成多菌灵来发挥作用。因此，甲基托布津和多菌灵在防治病害的种类和其他方面基本相同。在此不再赘述。

注意事项：甲基托布津对皮肤和眼睛有刺激作用，在使用时要注意防护，不要接触到皮肤和眼睛。其他事项请参看多菌灵。

12．多抗霉素

其他名称：多氧霉素、宝丽安、多效菌素、保利霉素。

有效成分：多抗霉素。

化学名称：肽嘧啶核苷酸类抗生素。

主要剂型：10％可湿性粉剂，3％和2％可湿性粉剂等。

产品特点：

（1）多抗霉素是由微生物发酵产生的抗生素类杀菌剂，有A、B、C、……N共14种不同的同系物。商品多抗霉素一般多为不同组分的混合物。

（2）不同的厂家生产的产品中含有的多抗霉素种类有所不同，例如我国生产的产品大多是以多氧霉素A和多氧霉素B为主的混合物。日本生产的是以多抗霉素B为主。

（3）不同的组分对不同病害的防治效果有一定的差异。因此，在选择多抗霉素防治病害时应该既要看药剂名称，还要看生产厂家。

（4）多抗霉素对人和高等动物毒性低，使用非常安全。

（5）水溶性好，在酸性和中性溶液中稳定。

（6）杀菌谱广，具有较好的内吸传导作用。

（7）杀菌机理是抑制病菌细胞壁几丁质的生物合成，病菌的芽管和菌丝接触药剂后，局部膨大、破裂，造成细胞内含物溢出而死亡。

使用方法：多抗霉素在葡萄上主要用于防治葡萄穗轴褐枯病和灰霉病。使用浓度一般为10%宝丽安可湿性粉剂1 000倍液。防治穗轴褐枯病要在春季开花前喷药。防治灰霉病在花期喷药，喷药时要选择晴天，以免影响葡萄授粉。

13. 嘧霉胺

其他名称：施佳乐、灰克等。

有效成分：嘧霉胺。

主要剂型：40%悬浮剂。

产品特点：

（1）属于苯胺基嘧啶类杀菌剂，与苯并咪唑类的多菌灵、甲基托布津以及二甲酰亚胺类的速克灵、扑海因、农利灵等没有交互抗性。

（2）可以防治多种作物上发生的灰霉病和菌核病。

（3）具有内吸传导作用和熏蒸作用，喷药后药剂可以向上传导到新梢部位。

（4）对人和高等动物低毒。

使用方法：防治葡萄灰霉病可以在开花前或落花后立即喷施。

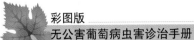

使用浓度为40%施佳乐悬浮剂1 000倍液。对葡萄成熟后的灰霉病烂果，可以在采收前30～40天喷施一次施佳乐1 000倍液。

注意事项：

（1）灰霉病菌很容易对嘧霉胺产生抗性，因此不要连续使用，要与其他药剂交替使用。

（2）嘧霉胺在高温时对作物不安全，一般温度超过28℃时对幼嫩部位就容易造成药害。特别是在保护地葡萄上使用更要谨慎。

14.霜脲锰锌

其他名称：克露、克抗灵、克霜氰、霜疫清等。

有效成分：是复配制剂，含有8%霜脲氰和64%代森锰锌。

主要剂型：72%可湿性粉剂。

产品特点：

（1）与其他防治霜霉病的药剂没有交互抗性，用于防治对甲霜灵已经产生抗性的霜霉病效果良好。

（2）有效成分中的霜脲氰虽然内吸性不是很好，但具有不错的治疗和铲除效果，与代森锰锌复配后，可以使其同时具有很好的保护和治疗作用。

（3）含有部分锌、锰离子，对葡萄有一定的补充微量元素的作用。

使用方法：霜脲锰锌主要是用来防治由卵菌引起的作物霜霉病和疫病。在葡萄上以防治葡萄霜霉病为主，由于其含有部分代森锰锌，对其他一些病害也有一定的兼治作用。防治霜霉病的使用时期为春季落花后、6月下旬和8月初3次，使用浓度600～800倍液。

注意事项：要与其他药剂交替使用，以免产生抗性。与波尔多液的间隔期至少15天，不要与铜制剂混用，以免降低药效。

15.烯酰吗啉锰锌

其他名称：安克锰锌。

有效成分：烯酰吗啉，代森锰锌复配。

主要剂型：69%水分散粒剂。

产品特点：

（1）主要以预防和治疗霜霉病为主。由于含有代森锰锌，也对穗轴褐枯病、褐斑病等有一定的预防作用。

（2）与其他防治霜霉病的药剂金雷、杀毒矾、霜脲锰锌等没有交互抗性，可以作为交替和轮换使用的药剂选择，对防止病菌产生抗药性有很大帮助。

（3）内吸性适中，比雷多米尔内吸性弱，但比霜脲氰强。对病害的治疗效果好，适合于在病害发生初期使用。

使用方法：在病害初发期使用，防治葡萄霜霉病喷雾浓度600～800倍液。

注意事项：

（1）每个生长季节使用次数不要超过4次，以免产生抗性影响药效。

（2）最好不要和铜制剂混合使用。

（3）喷药后4小时内遇到降雨要重喷。

16. 卉友

其他名称：适乐时。

有效成分：咯菌腈。

主要剂型：2.5%适乐时悬浮种衣剂，50%卉友水分散粒剂。

产品特点：卉友是瑞士先正达公司开发的新型苯吡咯类杀菌剂，与目前所有杀菌剂无交互抗性，对高等动物的毒性比食用盐低2倍以上。咯菌腈作为先正达公司的专利产品，目前主要开发了适合种子包衣的种衣剂2.5%适乐时和适合喷雾的水分散粒剂50%卉友，用以防治各种作物的灰霉病。咯菌腈主要针对高等真菌有效，对卵菌引起的霜霉病、疫霉病、腐霉病等无效。在高等真菌中，尤其对灰霉菌、褐腐菌、核盘菌（菌核病）、镰刀菌、丝核菌等效果突出。

咯菌腈无内吸作用，主要通过保护作用抑制病菌的孢子侵染和菌丝的扩展。作为种衣剂使用时，可以在种子周围形成长达3个月的保护圈。因此，也特别适合灌根防治各种果树的根部病害。

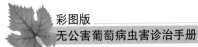

略菌腈与药剂混配性非常好，可以与各种杀虫剂、杀菌剂、叶面肥混用。与有机硅助剂混用，可以增加对灰霉病的防治效果。

使用方法：在葡萄上使用主要是在花期前后和套袋前与阿米西达配合喷雾和处理果穗。三次的使用浓度都是阿米西达1 500倍液＋卉友5 000倍液。其次是在果实转色成熟前40天左右再喷施一次，预防成熟期灰霉病和各种穗腐病。此外，对于多种根部病害，可以用适乐时1 500倍液，或者卉友10 000倍液灌根的方法进行防治。

17. 阿米妙收

通　用　名：苯甲·嘧菌酯。

有效成分：嘧菌酯＋苯醚甲环唑。

主要剂型：32.5%悬浮剂。

产品特点：集合了嘧菌酯与苯醚甲环唑的优点，对葡萄几乎所有的真菌病害都具有良好的防效。与单剂阿米西达相比，对炭疽病、白腐病、白粉病、黑痘病、穗轴褐枯病等效果更突出。与阿米西达一样，除了防治病害以外，阿米妙收还具有植物生长调节功能，可以延缓葡萄叶片衰老，增加光合作用效率，改善果面色泽和亮度。一次喷药的有效期可以长达15天左右。

使用方法：阿米妙收在葡萄上的使用时期比阿米西达更加灵活，可以在葡萄的任何时期使用，在已经发病后喷施，对病害的治疗效果更好。特别是在葡萄遭受冰雹危害后，喷施阿米妙收对葡萄叶片和果实的保护效果最好。阿米妙收在葡萄上的最佳使用时期与阿米西达相同，也是分别在开花前、落花后和套袋前三个关键点，使用的浓度均为2 000倍液。为了提高对灰霉病的防效，可以加入卉友或者异菌脲一起使用。

注意事项：

（1）禁止在苹果树上应用，以免产生药害。

（2）禁止与有机硅、乳油类农药等混用。

（3）与叶面肥混用需要试验后再用。

（4）套袋前果穗上使用，必须晾干药液后再套袋。

18. 瑞凡

有效成分：双炔酰菌胺。

主要剂型：25%悬浮剂。

产品特点：是防治霜霉、疫病的专用药剂，对其他类型的病害无效。在众多的卵菌病害中，瑞凡对晚疫病的效果最高，其次是葡萄霜霉病，而对瓜类霜霉病的药效相对最低。瑞凡与其他防治霜霉病的药剂相比，最大的特点是能够快速渗透到葡萄叶片或者果皮的蜡质层里。一般在喷药后1.5小时降雨，几乎对瑞凡的药效就不再造成影响。除此之外，瑞凡还可以在叶片上跨层传导，喷施在叶片正面的药剂，可以通过渗透作用，传导到叶片背面。这种作用对于提高瑞凡防治霜霉病的效果至关重要。

瑞凡属于低毒产品，对人和高等动物的毒性属于低毒。对葡萄的安全性非常好，在任何时候使用都不会对葡萄造成药害和生长抑制。由于是先进的悬浮剂型，在果实生长期使用，不会污染果面，也不会抑制果粉的形成。

使用方法：

（1）使用时期：对于北方葡萄产区来说，瑞凡防治霜霉病的用药一般有三个重要时期，第一个是春季的开花前后，第二个是随后的多雨季节，第三个是立秋前后。对于南方葡萄产区来说，开花前后是防治霜霉病最重要的季节。

（2）使用方法及使用浓度：春季开花前后由于枝叶生长迅速，瑞凡的使用浓度采用3 000倍液，喷药间隔期7天。为了提高药效和兼治其他病害，可以与阿米西达或者阿米妙收混用。夏季多雨季节最适合发挥瑞凡抗雨水冲刷的特性，有效期和药效都要比其他药剂占很大优势，使用浓度可以加大2 000倍液，喷药间隔期10～15天。立秋前后气温逐渐趋于凉爽，昼夜温差逐渐加大，田间露水增多，特别有利于霜霉病的爆发，此时瑞凡采用2 000倍液，喷药间隔期10～15天，与其他防治霜霉病药剂交替使用，连续喷施3次。

二、葡萄园常用杀虫剂

1. 阿克泰

其他名称：锐胜。

有效成分：噻虫嗪。

主要剂型：水分散粒剂。

产品特点：

（1）属于第二代新烟碱类杀虫剂，与第一代的吡虫啉之间暂时还没有发现交互抗药性，没有国产仿造品，不存在长期大量的滥用问题，害虫对其没有抗药性。

（2）强内吸传导，作物的所有器官对阿克泰都有很好的内吸性，特别是通过根系、种子、叶片吸收效果好。能够均匀地在植物体内分布。内吸速度快，不怕雨水冲刷。

（3）持效期长，在正常用量的情况下，有效期达 2 ～ 4 周。

（4）效果好，用量低（每亩地使用有效成分仅 1 ～ 2 克），不容易产生残留问题。

（5）毒性低，LD_{50} 为 1 500 毫克/千克，对人畜安全，非常适宜安全食品的生产。

（6）杀虫谱广，对大多数刺吸式口器害虫有特效，如蚜虫、飞虱、叶蝉、粉虱、多种介壳虫等。另外，对叶甲、跳甲、金针虫、潜叶蝇等都有优异的效果。

（7）先进的水分散粒剂，便于使用，没有粉尘污染，在水中的分散、悬浮性更好。

防治害虫种类及使用方法：

（1）阿克泰在葡萄上主要被用作防治各种蚜虫、飞虱、叶蝉、蓟马、介壳虫等刺吸式口器害虫和鞘翅目的食叶甲虫和潜叶蝇。

（2）防治蚜虫、叶蝉、飞虱、绿盲蝽等浓度为 2 000 ～ 3 000 倍液，防治蓟马、潜叶蝇、甲虫等浓度为 2 000 倍液。

（3）阿克泰的持效期长，但对害虫的速效性较差。为了提高其速效性，可以和2.5%功夫水乳剂混合使用，功夫的混配浓度一般为2 000 ~ 3 000倍液。二者的混配，增效作用非常明显。

（4）根部施肥：可以在春季结合浇水把药剂施在根部，利用其强力内吸性分布到植株上。每亩地使用70%锐胜30 ~ 50克，有效期可达1个多月。

2. 2.5%功夫水乳剂

其他名称：劲彪。

有效成分：高效氯氟氰菊酯。

产品特点：

（1）功夫的有效成分高效氯氟氰菊酯（Lambda-cyhalothrin）属于第三代菊酯类杀虫剂，它具有击倒速度快、杀虫谱广、抗性发展慢等特点。

（2）分子结构中含有独特的氟元素，使得功夫还同时具备杀螨活性。

（3）生物活性高，每亩地只需施用1 ~ 2克有效成分，即可以获得优异的防治效果。

（4）杀虫谱广，对鳞翅目、鞘翅目、双翅目、同翅目、半翅目、膜翅目等的害虫都有非常高的防治效果。

（5）没有内吸性，通过胃毒和触杀来杀死害虫。

（6）对植物表皮、昆虫体表的渗透能力强，使其触杀功能更加强烈。

（7）高科技的水乳剂剂型，以水为基质，不含大多数乳油类农药所需的苯、二甲苯等有机溶剂，不刺激皮肤，环保安全，更适合无公害食品生产。

（8）耐雨水冲刷，喷药后2小时降雨，基本上不影响药效。

（9）混配性好，可以和大多数杀虫、杀菌剂混用。

防治害虫种类及使用方法：

（1）防治飞虱、蚜虫、叶蝉、绿盲蝽等害虫使用浓度为1 000 ~ 1 500倍液，如果与阿克泰混合使用，效果会更好。使用浓度为功夫1 500倍液＋阿克泰2 500倍液。

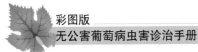

（2）防治蓟马、潜叶蝇、金龟子、斑衣蜡蝉等使用浓度2 000倍液。

（3）防治引起酸腐病的果蝇，可以在病害发生初期用功夫3 000倍液喷果穗。

（4）防治为害葡萄的各种鳞翅目害虫，例如葡萄天蛾、星毛虫使用浓度1 500倍液。

（5）防治葡萄各种介壳虫，需要在5月上旬，或者6月上中旬幼虫扩散期喷药，喷施浓度1 000 ～ 2 000倍液，或者与吡虫啉、噻虫嗪等药剂混用效果更好。

（6）功夫为触杀、胃毒型杀虫剂，因此喷药时尽量把药剂直接喷到虫体上或喷在害虫经常活动和取食的部位，以增强防治效果。

注意事项：功夫和其他菊酯类杀虫剂一样，对鱼类和其他水生生物高毒，不要在水田和河流附近使用该产品。

3.高效氯氰菊酯

产品特点：

（1）防治害虫种类多，抗性发展缓慢。是菊酯类杀虫剂中目前使用最广泛的品种之一。

（2）没有内吸性，对害虫只有胃毒和触杀作用。因此，喷药时要尽量把药剂直接喷到害虫的虫体上，或喷在害虫经常活动和取食的地方，以增加防治效果。

（3）对螨类没有效果。

（4）对低龄幼虫的效果好，对卵、成虫和大龄幼虫也有一定效果。

（5）是氯氰菊酯的高效异构体。因此，其生物活性大大提高，在效果相同的情况下，用药量可以大大降低，减少了对作物和环境的污染。

（6）混配性好。高效氯氰菊酯是目前国内生产混配杀虫剂的最重要的单剂品种之一，可以和有机磷、氨基甲酸酯和其他类型的杀虫剂混配，增加杀虫效果。

防治害虫种类及使用方法：

可以防治鳞翅目、半翅目、双翅目、同翅目、鞘翅目等多种农林和卫生害虫。在葡萄上可以防治除红蜘蛛、瘿螨、茶黄螨等螨类以及绿盲蝽以外的大多数害虫。使用浓度一般为5%乳油1 000 ～ 2 000倍液。

注意事项：对鱼、蜜蜂毒性高。因此，不要在水田和蜜源植物上应用。最好和其他杀虫剂混配使用，可以增加效果，延缓抗性发展。

4. 美除

产品特点：

（1）属于抑制昆虫蜕皮的生物激素类杀虫剂，对高等动物和人毒性低。

（2）对鳞翅目害虫特效。对蓟马、瘿螨的效果也非常好。

（3）对害虫卵的杀灭效果好，对3龄以下的幼虫高效。但对老龄幼虫效果差。

（4）主要通过害虫取食后进入体内，使害虫中毒死亡。没有内吸杀虫作用。

（5）对成虫有一定的避孕效果，接触美除的成虫所产的卵孵化率显著降低。

（6）作用速度慢，害虫中毒后死亡时间长。但中毒后害虫不能继续为害作物。

（7）抗雨水冲刷作用非常好，喷药后15分钟降雨，对药效没有显著影响。

（8）适合与有机磷、菊酯类杀虫剂混合使用。可以增加杀虫效果。

防治害虫种类及使用方法：美除在葡萄上可以用来防治各种鳞翅目害虫，例如透翅蛾、车天蛾等，还可以防治毛毡病。使用浓度为1 000倍液。由于美除主要是对害虫的卵和小幼虫效果好，因此在喷药时需要比其他药剂提早一些，最好在产卵初期至盛期。

注意事项：

（1）美除对瘿螨有很好的效果，但对其他螨类没有效果。

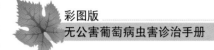

（2）在防治鳞翅目害虫时，重点喷施幼虫经常取食的植物部位。

5. 三唑锡

产品特点：

（1）是一个专门用于防治螨类害虫的杀螨剂。

（2）按照国家农药毒性分级标准，属于中等毒性。

（3）以触杀作用为主，可以有效地杀死若螨、成螨和夏卵，对冬卵无效。

（4）持效期长，一次喷药有效期可以达到30天。

（5）对光和雨水有较好的稳定性，持效期长。在正常浓度下对作物安全。

使用方法：三唑锡是一个杀螨剂，能够防治各种螨类。在葡萄上要抓住春季越冬螨出蛰和转移为害时期进行喷药防治。使用浓度为1 000倍液。

注意事项：不要和碱性农药以及波尔多液混用；尽量不要和菊酯类杀虫剂混用；收获前21天停止使用。对人的皮肤和黏膜有刺激作用，因此在使用时要注意防护措施。

6. 敌百虫

产品特点：

（1）敌百虫属于有机磷类杀虫剂，防治害虫的种类非常多。可以防治葡萄上的天蛾、星毛虫、叶蝉、天牛、绿盲蝽、红蜘蛛等多种害虫。

（2）毒性非常低，属于低毒有机磷杀虫剂，允许在无公害农产品生产中使用。

（3）价格便宜，敌百虫属于老的有机磷杀虫剂，生产工艺简单，成本低。对于使用者来说是一个比较价廉物美的农药品种。

（4）抗性强，药效一般。由于敌百虫已经在生产中使用了几十年，其抗性已经非常普遍。因此，一般不要单独使用，最好是和菊酯类杀虫剂混合使用。这样既增加药效，又不容易产生抗性。

防治害虫种类及使用方法：敌百虫可以防治葡萄上的大多数常见害虫，因此在春季葡萄发芽后和开花前后越冬代害虫出蛰期，以及繁殖初期进行防治是比较有利的时机。与菊酯类杀虫剂混合使用的浓度一般为500 ~ 800倍液。

注意事项：

（1）敌百虫是一个胃毒、触杀型杀虫剂，没有内吸性。因此，在使用中要注意喷雾均匀周到，以保证防治效果。

（2）对老龄幼虫防效差。在防治上要注意田间调查，在害虫的低龄幼虫阶段喷药防治。

7．阿立卡

通用名称：噻虫·高氯氟。

有效成分：噻虫嗪+高效氯氟氰菊酯。

主要剂型：22%微囊悬浮－悬浮剂。

产品特点：阿立卡是由噻虫嗪与高效氯氟氰菊酯复配而成，两种作用机理完全不同的杀虫剂互相协同增效，使得药剂的杀虫谱更加广泛，杀虫效果更加优异。噻虫嗪属于第二代新烟碱类杀虫剂，内吸性突出，对同翅目、鞘翅目、缨翅目、半翅目、双翅目等刺吸口器害虫有特效。高效氯氟氰菊酯属于含氟的菊酯类杀虫剂，杀虫速度快，杀虫范围广，对害虫活性高，不容易产生抗药性。对鳞翅目、同翅目、鞘翅目、同翅目、膜翅目、半翅目等害虫药效突出。两种有效成分的科学复配，可以防治葡萄上除红蜘蛛以外的几乎所有的重要害虫。特别是对北方葡萄上的重要害虫绿盲蝽有很好的效果。

阿立卡采用国际上非常先进的微囊悬浮·悬浮剂，这种剂型在提高了有效含量的同时，大大降低了对人和高等动物的急性毒性和对环境的污染。同时，由于采用的有效成分被包裹在微囊中，可以有效降低紫外线对药剂的降解，微囊中药剂的缓慢释放对延长有效期很有帮助。微囊悬浮·悬浮剂和常规的悬浮剂一样，对果实表面不污染，不伤害，适合在葡萄的任何生长时期使用。

使用方法：阿立卡使用范围非常广泛，不仅可以防治葡萄上的多种害虫，还可以防治各种蔬菜、大田作物害虫。对常见的害虫如绿盲蝽、介壳虫、蚜虫、飞虱、粉虱、叶蝉、蓟马、卷叶蛾、菜青虫、黏虫、毛毛虫等都有很好的效果。使用浓度一般是1 500～3 000倍液。防治葡萄绿盲蝽要在春季4月下旬至5月上旬开始打药，根据害虫发生程度，结合防治其他害虫，可以喷药2～3次，间隔期10～15天。如果介壳虫发生严重，加入有机硅渗透剂会增加药效。

注意事项：由于阿立卡的剂型非常黏稠，在使用的时候必须先用少量水把药剂充分稀释后再放入喷雾器，以免药剂溶解不均匀。

8. 福戈

通用名称：氯虫-噻虫嗪。

有效成分：氯虫苯甲酰胺+噻虫嗪。

主要剂型：40%水分散粒剂。

产品特点：由氯虫苯甲酰胺与噻虫嗪复配而成。其中氯虫苯甲酰胺是当今国际上防治鳞翅目害虫的特效药剂，噻虫嗪主要防治刺吸口器害虫。两种药剂都具有很好的内吸性，可以通过叶片吸收并传导到植株的其他部位。特别是通过根系的吸收效果更好，这对通过根系施药防治地上部的枝叶害虫提供可能性。对钻蛀性害虫的防治有特效。

使用方法：对于已经发生了钻蛀性害虫的果园，例如透翅蛾、天牛等，可以通过春季喷雾，或者根部施药的方法进行防治。喷雾的时期一般是指春季新梢生长期，喷雾浓度为3 000～4 000倍液；根部施药可以结合春季施肥浇水进行，可以在浇水之前，开沟施肥时与肥料一同施入，然后及时浇水。使用的剂量可以根据害虫发生的程度而定，一般掌握在每亩地30克左右。

9. 吡虫啉

其他名称：咪蚜胺、一遍净、大功臣、艾美乐、必林、蚜虱净、灭虫精、高巧。

主要剂型：剂型种类很多，主要有水分散粒剂、悬浮剂、粉剂、微乳剂、悬浮种衣剂等。

产品特点：吡虫啉属于新烟碱类杀虫剂，用于防治刺吸式口器害虫及其抗性品系。具有广谱、高效、低毒、低残留，害虫不易产生抗性，对人、畜、植物和天敌安全等特点，并有触杀、胃毒和内吸多重药效。害虫接触药剂后，中枢神经正常传导受阻，使其麻痹死亡。残留期长达25天左右。药效和温度呈正相关，温度高，杀虫效果好。

使用方法：在葡萄上主要用于防治蓟马、叶蝉、蚜虫、介壳虫等，也可以与功夫菊酯或者马拉硫磷混配喷雾防治绿盲蝽。使用剂量为10%吡虫啉1 000～1 500倍液，其他含量的剂型可以按比例大概折算使用剂量。由于吡虫啉有比较好的通过根系吸收的特性，也可以在春季结合施肥浇水进行根部施药，一般10%吡虫啉使用剂量为每亩80～100克。

注意事项：吡虫啉对螨类和线虫无效，不能作为杀螨剂使用。对家蚕高毒，避免污染桑叶。

图书在版编目（CIP）数据

无公害葡萄病虫害诊治手册：彩图版 / 袁章虎主编.
—2版. —北京：中国农业出版社，2013.9（2015.6重印）
（最受欢迎的种植业精品图书）
ISBN 978-7-109-18310-0

Ⅰ. ①无…　Ⅱ. ①袁…　Ⅲ. ①葡萄—病虫害防治方法
—技术手册　Ⅳ.①S436.631-62

中国版本图书馆CIP数据核字（2013）第211778号

中国农业出版社出版
（北京市朝阳区农展馆北路2号）
（邮政编码 100125）
责任编辑　张　利

北京通州皇家印刷厂印刷　　新华书店北京发行所发行
2014年1月第2版　　2015年6月第2版北京第2次印刷

开本：880mm×1230mm　1/32　印张：3.5
字数：88千字
定价：22.00元
（凡本版图书出现印刷、装订错误，请向出版社发行部调换）